EN FRANCE

PAR

P. GARNIER

PARIS

CHASSE

DU LIÈVRE

EN FRANCE

TIRÉ A 150 EXEMPLAIRES

CHASSE
DU LIÈVRE
EN FRANCE

PAR

LE COMMANDANT P. GARNIER

Ancien élève de l'Ecole Polytechnique, Membre du Conseil général
de la Côte-d'Or, etc.

(Trois Planches dans le Texte)

PARIS
AUGUSTE AUBRY, ÉDITEUR
J. MARTIN, Successeur
18, rue Séguier, 18
—
1879

Il préuoit tous les iours par instinct de nature,
Quand le tèps doibt chagèr, et quel vent doibt souffler,
Sur tout il craint le Nord, quand époinct la froidure,
D'ont les forts buissons il s'en va receler :
Il dort les yeux ouuerts, ou soit quand le Zephire
L'incite à se gister sur vn mont verdissant,
Ou quand le Syrien de chaleur·nous martire,
R'embusquer il s'en va dans le bled iaunissant :
Il doubte, et craind tousiours qu'on le vienne surprèdre,
Tousiours il faict le guet, affin qu'il ne soit pris ;
Il à tant seulement les pieds pour se deffendre,
D'ont prouient que son cœur de tristesse est épris :
Ce qu'en soy remarquant, dessous la chicorée
Se forme, à celle fin qu'il deuienne ioyeux,
Pourtant les anciens ont icelle tiltrée,
Le palais, et chasteau du Lieure soucieux :
Ce nonobstant Caton hardiment nous asseure,
Que sa chair nous prouoque à songer, et resuer,
A raison que peureux il pourpense à tout'heure
Comment il se pourra de malheur preseruer.

(*Le Lieure*, de Simon de Bvllandre, Prieur de Milly en
    Beavvoisis, 1585 ; Paris, de l'imprimerie de Pierre
    Cheuillot).

————————

AVANT-PROPOS

Si la chasse consistait uniquement *à cap-
turer et à tuer*, on pourrait avancer que tous
les êtres sont créés pour chasser, depuis
la plante qui enveloppe dans les replis de
ses feuilles l'insecte imprudent, jusqu'au
roi des animaux, qui prélève son tribut
onéreux sur les troupeaux des peuples
pasteurs; depuis l'hirondelle, dans son
vol capricieux, happant des insectes invi-
sibles, jusqu'aux tyrans des airs qui font
la guerre aux marmottes, aux agneaux,
aux chamois.

S'il en était ainsi, mis en parallèle avec
les animaux, l'homme n'aurait pas l'avantage.

Le sauvage, comme le loup, chasse pour
vivre; l'homme civilisé doit chasser pour
son plaisir.

Assurément le chasseur de nos jours

n'hésitera point à fusiller un être inoffen-
sif, plume ou poil; l'entraînement, le désir
de prouver son adresse, l'orgueil, l'amour-
propre, la gourmandise enfin, éteindront
chez lui la pitié, les bons sentiments. Mais
s'il borne là ses convoitises, hâtons-nous
de le dire, cet homme n'est pas un vrai
chasseur.

Non, nous ne saurions trop le répéter,
la chasse, entre gens civilisés, ne consiste
point *uniquement à tuer;* elle est devenue
un art: ne l'avilissons donc pas en la rame-
nant à son état primitif et en délivrant la
palme à celui qui verse le plus de sang!

Certains chasseurs, ou réputés tels,
trouvent bons tous les moyens pour arriver à leur but, qui est avant tout de garnir
le garde-manger. Qu'un lièvre soit bien
chassé ou qu'il soit lâchement étranglé
par un collet, peu leur importe, pourvu
qu'il entre dans la carnassière.

Non, mille fois non, tuer n'est pas chasser! Telle est du moins notre opinion, que
nous soumettons humblement, mais réso-
lument au public.

Et si, dans le cours de ce modeste
ouvrage, nous dérogeons parfois à cette

manière de voir, le lecteur voudra bien reconnaître que c'est *à contre-cœur* et *par nécessité.*

La rareté du gibier, il faut en convenir, rend effectivement l'application de ce principe bien difficile; essayez donc d'empêcher vos compagnons de chasse de raccourcir à coups de fusil un lièvre sur ses fins que votre meute allait prendre! Comment pourraient-ils se résoudre à laisser échapper une occasion, devenue rare, d'exercer leur adresse! Ou bien si vous avez assez d'ascendant sur eux pour les décider à s'abstenir, quel sacrifice ne leur imposerez-vous pas!...

Alors que le gibier plus commun était sans valeur, il devait être facile d'observer les règles de l'art; mais aujourd'hui le fusil a mis la chasse à la portée de tous; on simplifie l'affaire, foin des principes! C'est avec la poudre qu'on tranche les difficultés; et, quand on a roulé son lièvre, on se compare à saint Hubert et l'on pense que Nemrod n'était *qu'un chasserot.*

Le tout au grand préjudice des règles de l'art, qui cependant devraient être suivies plus que jamais, puisque, la rareté du gibier allant chaque jour en croissant, les difficultés qu'on éprouve à bien chasser augmentent dans la même proportion.

Mais, nous criera-t-on de tous côtés peut-être, il faut hurler avec les loups et faire la part du temps et des choses, sans quoi vous prêcherez dans le désert, et votre livre ne sera pas lu !

Vaincu par tant de mauvaises raisons, nous indiquerons — saint Hubert dût-il nous excommunier pour tant de couardise ! — toutes les observations qu'une longue carrière cynégétique nous a permis de faire sur le meilleur moyen de placer un coup de fusil *le plus souvent possible* et *le plus avantageusement.*

Lorsqu'on jette les yeux sur la liste des auteurs qui ont traité de la chasse du lièvre et que, parmi les noms de ces écrivains (pour nous borner aux ouvrages français) on voit figurer le Roy Modus, Gaston Phœbus, messire Jean du Bec, Jacques du Fouilloux, Le Verrier de La Conterie, Joseph La Vallée, Le Coulteux de Canteleu, Elzéar Blaze, Adolphe d'Houdetot, Edmond Le Masson, A. Toussenel, et nombre d'autres encore, on se demande

si ce n'est pas commettre une grave impru-
dence que d'oser publier un ouvrage, si
modeste qu'il soit, sur le même sujet.

Cependant que le lecteur veuille bien
considérer :

Que la plupart des livres ayant trait à
cette chasse remontent au siècle dernier;

Que les auteurs nouveaux se sont entièrement inspirés des œuvres de leurs prédécesseurs, au point de les copier parfois
textuellement ;

Que la division de la propriété, la loi et
les arrêtés sur la chasse, et bien d'autres
causes encore, ont fatalement modifié et
les habitudes du gibier et les moyens de le
chasser,

Et le lecteur comprendra que, le sujet
étant loin d'être épuisé, l'auteur de ce livre,
au lieu d'être traité d'audacieux, a droit au
contraire à l'indulgence de tous en raison
même des difficultés inhérentes à la
nature de l'étude qu'il s'est proposée.

En effet, « la chasse du lièvre est la plus
« fine de toutes les chasses et, en quelque
« sorte, la clé de toutes les autres. » C'est
le Coulteux de Canteleu, le grand chasseur
de loups, qui s'exprime ainsi; Le Verrier

de La Conterie l'avait dit avant lui dans l'*Ecole de la chasse aux chiens courants,* et Le Verrier n'a jamais été démenti.

Cependant tous les chasseurs ont la prétention de connaître la chasse du lièvre ; or cette chasse étant la plus fine et la clé de toutes les autres, nous sommes forcément amené à conclure que tous nos confrères en Saint-Hubert sont des veneurs accomplis.

C'est ce que nous leur souhaitons à tous. Ainsi soit-il !

Moins heureux que nos confrères, nous confessons, sans hésiter, que plus nous pratiquons cette chasse et plus nous voyons que nous ne savons rien. Aussi sommes-nous en parfait accord avec le comte Le Coulteux de Canteleu, quand il dit dans son *Traité sur le Lièvre :* « Plus un « chasseur vieillit, plus il avoue qu'il « apprend. »

Loin de nous donc la prétention d'offrir un traité complet aux lecteurs indulgents ! Nous avons ici simplement consigné les observations et les remarques qu'une longue pratique de la chasse nous a suggérées sur cette délicieuse distraction.

Peut-être profiteront-elles à quelques-uns; c'est là notre plus grand désir.

Il faut plusieurs ouvriers pour élever un monument; que chacun, nous imitant, apporte sa pierre, et un jour viendra où un chasseur *plus heureux*, profitant de l'expérience de ses devanciers, pourra intituler son livre : *Traité complet de la Chasse du Lièvre.*

I

DU LIÈVRE ET DE SA NATURE

——

Le lièvre, *lepus timidus,* est un petit animal si connu en France qu'il nous semble inutile d'en faire la description.

Ces animaux multiplient beaucoup; ils sont en état d'engendrer en tout temps, et dès la première année de leur vie.

Comme le lapin, la femelle du lièvre reçoit le mâle dès qu'elle a mis bas; sans compter de plus que, même étant pleine, grâce à la conformation de ses parties génitales, elle peut néanmoins s'accoupler, ce qui produit parfois des cas de superfétation.

Contrairement à l'opinion de la pluralité des chasseurs, il est certain que la hase fait bien plus de levrauts et plus souvent qu'on ne le croit. Au lieu d'en engendrer un ou deux seulement, c'est presque toujours trois ou quatre, très rarement cinq. Aussi, comme sa gestation dure trente et

un jours et qu'elle fait quatre portées par
an, comme de plus les premiers levrauts
engendrent à dix mois, on n'exagère pas
en fixant la reproduction annuelle d'un
couple à douze ou quinze individus. Et en
cela dame Nature n'a pas manqué d'une
sage prévoyance, car il y a à peine une
créature animée, sauvage ou domestique,
qui ne soit un ennemi pour le pauvre
levraut. Notez en outre que la hase dépose
ses petits, sans défense, au milieu d'un
champ ou d'une cépée, sans abri, exposés
à toutes les intempéries. D'où il résulte
fatalement que nombre de ces innocentes
bêtes deviennent la proie de tous les braconniers à poil et à plume de la création.

Et, comme si ce n'était pas déjà assez de
bourreaux, voici que Toussenel accuse le
père et la mère de tuer leurs enfants;
nous ne croyons point à ces actes contre
nature, et nous pensons fermement que
les levrauts qu'on trouve avec la tête mar-
quée de coups de dents sont plutôt des
victimes des belettes, putois, fouines ou
martes. Car enfin les mâchoires du lièvre
ne nous semblent pas pouvoir s'ouvrir
assez pour broyer une tête de levraut, tant
petit soit-il.

Décembre, janvier, février et mars sont
les mois réguliers des amours; mais
des accouplements ont lieu à d'autres

époques, puisqu'on rencontre des levrauts dans toutes les saisons.

Ils naissent les yeux ouverts, tout couverts de poil. La mère ne les nourrit que trois semaines, ayant bien soin de les changer souvent de place et de les tenir séparés. Elle les appelle pour les allaiter en agitant ses longues oreilles, qui, frappant l'une contre l'autre, produisent un bruit à peine perceptible pour nous.

Une fois sevrés, ils paissent pendant la nuit plutôt que pendant le jour, se nourrissant d'herbes, de racines, de feuilles, de fruits, de graines, et donnant la préférence aux plantes dont la séve est laiteuse. Ils ne s'écartent pas beaucoup les uns des autres, ni du lieu où ils sont nés; cependant ils vivent solitairement, et se forment chacun un gîte à une faible distance, comme de soixante à quatre-vingt pas; ainsi [1], lorsqu'on trouve un jeune levraut

---

[1] Blaze dit dans son *Chasseur au chien d'arrêt :* « Si vous tuez un levraut marqué sur le front d'une « étoile blanche, cherchez encore, son frère n'est pas « loin : un levraut venu seul au monde n'a pas de « marque. »
Nous ignorons si d'autres écrivains ont mentionné cette singulière légende, mais en revanche nous savons parfaitement que jamais aucun chasseur n'a vu et même ne verra de levrauts ayant une étoile blanche au front, et qu'il convient dès lors de mettre cette petite histoire au rang des fables.

dans un endroit, on est presque sûr d'en trouver encore deux ou trois autres aux environs. Car ils ne quittent le canton qui les a vu naître que lorsque l'amour vient les agiter, vers le dixième mois de leur existence.

Le lièvre ne manque pas d'instinct pour sa propre conservation; il se choisit chaque jour en effet un gîte selon le temps qu'il prévoit et devine à l'avance, ce qui a fait dire de lui qu'il est un excellent astrologue, et se cantonne selon les temps et saisons. L'hiver, il choisit les lieux exposés au midi, les buissons les plus épais, et en été il se loge au nord; au printemps, il se relaisse dans les blés verts et les jeunes taillis. Quand il se gîte dans les terres labourées, il se cache d'ordinaire, pour n'être pas vu, entre des mottes qui sont de la couleur de son poil. Par la pluie, il gagne les côteaux pierreux, dénudés, où poussent les chardons, les abords des carrières, les chaumes secs, les vieux labours, les bruyères et les bois élevés; partout enfin où son gite ne peut pas être inondé. Lorsque les grands froids s'accentuent, on constate que ces animaux s'enfoncent de plus en plus dans les bois, quittant les lisières, et, presque tous, les plaines exposées au vent du nord.

Quant à leur sagacité pour dérober leur

gîte et se soustraire à la poursuite de leurs ennemis en la déjouant, nous n'en dirons mot ici, devant en traiter tout au long à propos de la chasse à courre.

Le gîte du lièvre est légèrement enfoncé en terre; moulé sur le corps de l'animal, on lui donne à cause de cela le nom de *forme*. Mais ce n'est qu'une habitation de passage; car, revenant rarement au gîte de la veille, il s'en creuse chaque jour un nouveau, sauf le cas où la terre durcie par le froid l'en empêche. On doit donc dire, si on veut être correct, que cet animal revient mourir, non à son gîte, mais bien à son lancer.

Les lièvres dorment, songent ou se reposent au gîte pendant le jour, et ne vivent, pour ainsi dire, que la nuit; c'est pendant la nuit qu'ils se promènent, qu'ils mangent et qu'ils s'accouplent; on les voit au clair de la lune jouer ensemble, sauter et courir les uns après les autres; mais le moindre mouvement, le bruit d'une feuille qui tombe suffit pour les troubler : ils fuient, et fuient chacun d'un côté différent.

Gaston Phœbus, dans son chapitre cinquantième, dit « qu'en été on chasse le liè-« vre jusques à prime; puis on se repose « avec ses chiens jusqu'à ce que la chaleur « se soit abaissée; vers l'heure de nonne, « on reprend, parce qu'alors les lièvres se

« sont relevés, et on les peut chasser jus-
« qu'à la nuit. Cela se peut faire d'avril
« jusqu'à fin septembre, époque où ils se
« relèvent de haute heure, pour les courtes
« nuits, une fois plus tôt et une autre plus
« tard, et aussi selon le temps qu'il fera,
« car s'il fait grand chaud il se relèveront
« de plus basse heure et plus tard, et, s'il
« pleuvait, ils se relèveront de plus haute
« heure, car dès que midi sera passé, on
« les trouvera relevés. »

Bien que le seigneur Phœbus soit le seul écrivain cynégétique qui ait signalé ce relèvement des lièvres pendant les si longues journées du printemps et surtout de l'été, comme nous le tenons pour un bon et consciencieux observateur, nous admettrons sans hésiter que, lorsque les jours n'en finissent pas et que par suite les nuits sont fort courtes, les lièvres, s'ils ont négligé quelque peu le soin de leur nourriture pour courir les hases, doivent nécessairement après midi ressentir la faim et se relever alors, non pas pour se rendre au gagnage, mais bien seulement pour broutiller autour de leur gîte. Ces animaux ne passeraient donc pas toutes ces interminables journées à dormir, songer ou se reposer dans leurs formes, ainsi qu'on le croit généralement.

C'est une opinion fort accréditée que le

lièvre ne ferme pas les paupières et dort les yeux ouverts; beaucoup même prétendent qu'il ne dort jamais. Il y a là dedans, selon nous, une erreur manifeste et de plus anti-naturelle, dont voici la cause : Cet animal, *que tout inquiète,* le moindre bruit, la plus légère feuille qui tombe, ouvre les yeux à l'approche du chien et du chasseur, qui le voit alors éveillé dans son gîte et qui se figure qu'il sommeille toujours comme cela. Pour corroborer l'explication si exacte qui précède et mettre fin aux incrédulités, nous avons encore par devers nous une expérience personnelle qui ne peut que dissiper tous les doutes. Il nous a été donné, une seule fois il est vrai dans notre vie de chasseur, fin juillet 1875, à deux heures du soir, par une chaleur des plus intenses, dans un champ de maïs, de voir et d'examiner, pendant une à deux minutes, un levraut de cinq mois environ qui, couché de tout son long sur le flanc gauche et accablé par la lourdeur d'une atmosphère orageuse, dormait si profondément qu'il ne nous avait point entendu venir; il n'était pas à trente centimètres de la pointe de nos souliers, et nous pûmes l'examiner tout à notre aise et nous assurer *qu'il sommeillait les yeux parfaitement fermés.* Enfin, pour bien nous convaincre que nous avions là sous les yeux un animal valide, nous le touchâmes légèrement avec notre canne : il fit avec effarement un bond rapide et disparut fort vite dans le champ couvert de maïs et de haricots.

Les lièvres, prenant presque tout leur développement dans une année, doivent vivre un peu plus de sept ans, soit entre sept et huit. D'aucuns prétendent que les mâles vivent plus longtemps que les femelles ; nous doutons fort que cette observation soit fondée.

Jean du Bec, en parlant d'un bouquin forcé par sa meute, dit : « Il était gris et « fort grand, ce qui chez les lièvres est « signe de grande vieillesse. » Il nous paraît assez difficile de nos jours de vérifier l'exactitude de son allégation; toutefois, notre plus jeune frère, étant en vacances dans la Haute-Saône, a tué une hase dont les dents étaient complètement usées jusqu'au ras des gencives; elle devait dès lors être très vieille. — Il la mangea néanmoins avec ses camarades de chasse, mais, dit-il, à cette époque nous avions tous de bonnes dents!

Les lièvres passent leur vie dans la solitude et dans le silence, et l'on n'entend leur voix que quand on les saisit avec force, qu'on les tourmente et qu'on les blesse, ou bien encore quand ils se sentent

tout prêts d'être gueulés par un lévrier.
Ce n'est point un cri aigre, mais une voix
assez forte, dont le son est presque sem-
blable à celui de la voix humaine, à celle
surtout d'un jeune enfant.

Ils ne sont pas aussi sauvages que leurs
habitudes et leurs mœurs paraissent
l'indiquer ; doux et susceptibles d'une
espèce d'éducation, on les apprivoise
aisément, ils deviennent même cares-
sants ; mais ils ne s'attachent jamais assez
pour pouvoir devenir animaux domesti-
ques ; car ceùx même qui ont été pris tout
petits et élevés dans la maison, dès qu'ils
en trouvent l'occasion, se mettent en
liberté et s'enfuient à la campagne.
Comme ils ont l'oreille bonne, qu'ils s'as-
seaient volontiers sur leurs pattes de derrière et qu'ils se servent de celles de
devant comme de bras, on en a vu qu'on
avait dressé à battre du tambour, à gesti-
culer en cadence, à mettre le feu à un
petit canon et, le coup parti, à faire le
mort, etc., etc. Nous en avons connu un
qui venait assister religieusement à tous
les repas, où il prenait le pain et certaines
pelures de fruits à la main, ne se trompant
jamais sur les heures, quoique vivant dans
le jardin et faisant la loi au petit roquet
du logis ; il suivait son maître aux champs,
partout, absolument comme un chien. Et

dire pourtant qu'un beau jour sa maîtresse
en a fait un ragoût aux pommes de terre!
[Historique.]

Dans certaines circonstances critiques,
le lièvre se fourre dans un trou, mais
jamais, au grand jamais, et dans aucun
pays, il ne se creuse un terrier.

Quelques écrivains peu observateurs
ont avancé que cet animal était *erratique*.
Il voyage plus que le lapin, il va chercher
des femelles au loin, mais nonobstant cela
il se cantonne, et revient toujours chez
lui; c'est même dans son véritable canton
qu'il se fait forcer par les chiens.

Notons ici en passant que le lièvre ne
boit jamais.

La longueur des jambes de derrière,
qui est le double de celles de devant, semble indiquer que le lièvre devrait habiter
de préférence les pays de côteaux et mon-
tueux, cette conformation lui rendant, en
effet, les montées plus faciles que les des-
centes; mais, bien qu'on rencontre des
lièvres dans les montagnes, il est certain
que les grandes plaines, le steppe, au
contraire, sont les milieux où il se reproduit et vit le plus communément, et cela,
par instinct de conservation, parce qu'il a
moins à redouter les renards, les martes,
fouines, putois et autres carnassiers dangereux, qui se plaisent davantage et sont

plus nombreux dans les contrées acciden-
tées et couvertes de bois qu'en pays plat
et découvert. C'est fort bien dit, mais res-
tons en France.

La nature du terroir influe sur ces animaux comme sur tous les autres; les lièvres de montagne sont plus gros et plus
grands que les lièvres de plaine; ils sont
aussi plus bruns sur le corps et ont plus
de blanc sous le cou que ceux de plaine,
qui sont presque rouges. En dehors des
montagnes, on trouve en France trois
sortes de lièvres : celui des bois, qui, à tort
ou à raison, passe pour être plus agile que
le lièvre de plaine, car d'ailleurs il ne se
voit entr'eux aucune différence autre;
mais il n'en est pas de même quand on
aborde les plaines basses et humides, les
terrains marécageux, puisque là vivent
des lièvres, dits *ladres,* qui recherchent les
eaux, qui affectionnent d'une façon exclu-
sive la queue des étangs, les marais et
autres lieux fangeux. Ces animaux sont
moins velus et bien moins vites que les
deux premiers, et leur chair est de mauvais goût. Nous ne croyons pas, sauf dans
les pays où les lièvres sont très tourmen-
tés par les lévriers et les chiens courants,
ou bien sont trop nombreux, comme en
Allemagne, qu'ils s'adonnent de gaîté de
cœur au marais, qui mine leur santé par

les fièvres paludéennes ; aussi sont-ils assez rares dans presque toute la France.

En général, tous les lièvres qui, sans toutefois être ladres, habitent les plaines basses et les vallées humides, ont la chair flasque, filandreuse, insipide et blanchâtre, au lieu que dans les pays de collines élevées et de plaines en montagne, où le serpolet et les autres herbes fines abondent, les levrauts, et même les vieux lièvres, sont excellents au goût. On remarque seulement que ceux qui habitent le fond des bois, dans ces mêmes pays, ne sont pas, à beaucoup près, aussi succulents que ceux qui se tiennent sur les lisières où dans les champs et dans les vignes, et que les femelles ont toujours la chair plus délicate que les mâles.

Ajoutons ici que la graisse n'a aucune part à la délicatesse de la chair du lièvre; car cet animal ne devient jamais gras tant qu'il est à la campagne en liberté, et cependant il meurt souvent de trop d'embonpoint lorsqu'on le nourrit à la maison.

Les Grecs et les Romains en faisaient autant de cas que nous : « *Inter quadrupedes gloria prima lepus,* » dit Martial. En effet, sa chair est excellente; son sang même est très bon à manger, et est le plus doux des sangs. Il en faut absolument dans le civet, et, avec lui, on confectionne des omelettes adorables.

Le poids ordinaire du lièvre adulte en France varie de trois à quatre kilogrammes; les vieilles hases ou des lièvres de montagne dépassent seuls parfois notablement ces chiffres. Bien qu'en général les femelles soient plus grandes et plus lourdes que les mâles, il nous est advenu de rouler un bouquin de quatre kilogrammes et demi, et nous avons vu quelques hases qui dépassaient ce poids de plus de cinq cents grammes.

Dans sa description du lièvre, Le Verrier de La Conterie avance comme une chose positive que cet animal est *le seul* quadrupède au monde qui ait des poils en dedans de la bouche. C'est là une assertion entièrement erronée, comme chacun peut s'en assurer facilement. Le Verrier aurait bien dû s'en tenir au moyen si facétieux qu'emploie, à son dire, le renard pour se débarrasser de ses puces, et cette nouvelle invention est vraiment de trop.

Avant de clore cette étude, il convient de prévenir le lecteur que nous avons renvoyé aux divers chapitres qui suivent bon nombre de particularités fort intéressantes sur le lièvre, parce qu'elles nous ont paru n'avoir strictement trait qu'à la chasse de cet animal et devoir être plus avantageusement signalées et étudiées ailleurs; mais il en est d'autres qui méritent avec raison et peuvent fort bien, sans le moindre inconvénient, figurer ici, comme par exemple sa remarquable vitalité, sa finesse, sa vigueur, etc.

Ainsi que presque tous les animaux sauvages, le lièvre est doué d'une vitalité qui doit nous surprendre; quel est le chasseur qui, dans sa carrière cynégétique, ne se soit vu dans l'obligation de lutter de vitesse avec un lièvre criblé de projectiles? En ce qui nous concerne, qu'il nous soit permis de citer un fait, un drame, dans lequel nous fûmes acteur.

D'un coup de chevrotines, nous avions coupé les deux pieds de devant d'un lièvre, au-dessus de la première articulation; la section était complète, ainsi que nous pûmes le vérifier plus tard; l'animal cependant, après une culbute, continua sa course et ne fut pris que mille mètres plus loin; pour fuir, il avait dû traverser un grand fossé de six pieds de profondeur qui venait d'être creusé.

Les os des pattes, ayant appuyé sur le sol, étaient complètement déchaussés, et la terre avait pénétré à l'intérieur; les souffrances endurées par ce pauvre animal devaient dès lors être atroces ; et cependant, sans l'aide des chiens, il nous aurait lassé et nous n'aurions pu venir à bout de le prendre.

Ressemblant au lapin par sa forme, le lièvre en diffère totalement par l'esprit, les mœurs, l'intelligence et la force. Au lieu de n'être qu'un infatigable rongeur dénué de ruse et qu'un envahisseur des plus dangereux comme le premier, il se montre coureur très vigoureux, capable des combinaisons les plus savantes, et sait mettre en défaut l'animal le plus richement doué, le chien. Cela seul lui assure une des plus honorables places parmi les stratégistes les plus éminents, les manœuvriers les plus habiles de l'animalité tout entière.

CHOIX ET ÉDUCATION DES CHIENS

———

Celui qui veut bien chasser le lièvre doit nécessairement se procurer de bons chiens, et, pour les obtenir, il faut faire des élèves *de race* et se donner la peine de les dresser.

Le dressage est indispensable, quoi qu'en dise le proverbe : « Bon chien chasse de race, » qu'il convient de ne pas prendre à la lettre, comme d'aucuns le font. Nous avancerons même que plusieurs années sont nécessaires pour bien instruire un chien.

N'ajoutez donc pas foi aux dires de certains chasseurs qui prétendent qu'il suffit d'élever des toutous, de les conduire souvent au bois et de les livrer à leur instinct pour former une meute. A l'appui de cette désastreuse manière d'agir, ils vous citeront des chiens *assez extraordinairement doués* qui se sont formés *seuls* et sans l'aide du maître; mais soyez bien certains qu'il s'agit là *d'exceptions rares, très rares même,* et dont il convient par suite de ne pas tenir compte.

En dehors des qualités natives qu'on doit rechercher dans une meute, il en existe d'autres qui sont les fruits de l'éducation; et, parmi ces dernières, la plus importante, sans contredit, c'est la docilité.

Si vous désirez ne point perdre votre temps et vos peines, faites en sorte que, dès le jeune âge, vos élèves soient rompus à *une obéissance absolue.*

Sans elle tout est stérile, et, pour l'obtenir, il ne s'agit pas de recourir aux mauvais traitements, aux coups de fouet, aux mesures de rigueur. Non! la plupart du temps, vous obtiendrez davantage par la douceur et par les caresses.

Le moyen le plus sûr est de tenir les chiens au chenil et de ne les laisser jamais sortir que sous la surveillance du piqueur ou du chef d'équipage. Les mettre en liberté, leur donner la clé des champs, c'est infailliblement leur faire perdre l'habitude de l'obéissance, et c'est cependant ce que font beaucoup trop de chasseurs.

Nous avons dit que plusieurs années étaient nécessaires pour dresser les chiens courants; mais nous devons ajouter que la tâche sera bien difficile si le maître de la meute ne dispose pas de quelques chiens faits à donner en exemple aux jeunes élèves.

Nous disons, il faut bien le remarquer, chiens *faits* et non *vieux* chiens, parce que la plupart du temps ces derniers, en prenant de l'âge, deviennent plus nuisibles qu'utiles. Ils redoutent les jeunes chiens, dont l'ardeur et la turbulence les fatiguent; ils s'éloignent, chassent volontiers pour leur compte, deviennent jaloux, ambitieux et sourds par-dessus le marché. Certes, il est bon de se montrer indulgent pour de vieux serviteurs, mais non pas au point de mettre le trouble dans la meute.

Lorsque le chasseur aura habitué ses chiens à marcher à la couple et à se bien tenir sous le fouet, à ne pas trop s'écarter et à rallier promptement au moindre appel, la petite meute aura fait un grand pas dans la voie de la perfection, et le maître ressentira promptement les bons effets de ce commencement d'éducation.

Voici dans quels termes Jean du Bec s'exprime à l'endroit des chiens obéissants : « Le chasseur a ses chiens comme « il prend la peine de les dresser, étant le « chien un animal docile qui se châtie et « qui apprend facilement. Le chien à com-

« mandement est grandement louable en
« toute sorte de chasse, mais principale-
« ment en celle du lièvre, qui va et vient
« sur lui-même et qui fournit tant de
« ruses. »

« Je tiens deux choses pour la perfec-
« tion d'une meute, ajoute plus loin mes-
« sire l'abbé : l'une, que les chiens soient
« bien ensemble et de même force; l'autre,
« qu'ils soient bien à commandement. »

Nous avons déjà exposé combien il importe que les chiens soient obéissants,
bien à commandement, selon l'expression de
messire du Bec, et nous avons insisté
d'autant plus sur ce point que cette qualité
est entièrement subordonnée à la volonté
du chasseur, l'indiscipline, dans une
meute, n'étant imputable qu'au maître.
Mais il est une autre qualité tout aussi
précieuse, tout aussi enviable, et qui ne
dépend pas exclusivement de la volonté
du chasseur, c'est que les chiens soient
bien ensemble et de même force, en d'autres termes *de même pied.*

Dans les équipages nombreux, on peut
employer un remède énergique qui est
souverain : *on rogne la tête et la queue,* selon
l'expression en usage parmi les piqueurs;
autrement dit, on supprime les chiens de
trop grand pied et ceux qui ne peuvent pas
suivre le gros de la meute.

Mais quand il s'agit d'une petite meute de quatre à huit toutous, hypothèse dans laquelle nous nous plaçons, le remède est d'une application difficile et trop coûteuse; il faut nécessairement l'écarter.

Et cependant, à notre avis, trois chiens bien ameutés causeront plus de jouissance à leur maître que dix chiens « de tous pieds écartés çà et là, et allant les uns après les autres. »

Nous avons vu plus d'une fois employer de pesants colliers, de longues courroies traînantes, le tout destiné à ralentir la vitesse des chiens de trop grand pied; mais ces moyens barbares n'ont jamais donné de résultats satisfaisants, et nous ne pouvons dès lors que les réprouver.

Comment donc atteindre ce but si désirable? Ce n'est qu'en élevant des chiens, répondrons-nous avec conviction.

A quelques rares exceptions près, les chiens que le chasseur élèvera prendront d'ordinaire l'allure de leurs parents, et la différence de pied s'atténuera, si toutefois elle ne disparaît pas entièrement.

L'expérience au contraire nous a démontré qu'il est beaucoup plus difficile de réunir des chiens de même pied, en opérant par voie d'achat, car il est rare qu'un bon chien soit mis en vente; il faut pour cela des circonstances exceptionnelles sur lesquelles il est sage de ne pas compter. Toutefois il est juste de reconnaitre que l'inconvénient sera moindre si l'on achète de jeunes chiens *n'ayant point encore chassé.*

L'élevage, en vérité, comme toutes choses sur cette terre, a un mauvais côté, c'est la maladie, qui enlève souvent les sujets les plus beaux et les plus vigoureux, surtout dans les races pures.

Le spécifique de cette terrible affection n'existe pas, malgré les dires des nombreux guérisseurs qui se proclament *infaillibles;* sachons donc nous contenter des chiens qu'elle épargne, et faisons pour les conserver tout ce que l'expérience et la raison peuvent suggérer.

Ce serait sortir de notre cadre que de vouloir indiquer tous les remèdes en usage contre cette maladie, et nous ne pouvons dès lors que renvoyer nos lecteurs aux ouvrages spéciaux qui traitent de cette matière.

Cependant nous croyons que les moyens *préventifs,* expérimentés avec quelque succès par nous et par d'autres sans doute, doivent être divulgués. C'est pourquoi nous transcrirons ici nos observations personnelles, dans l'espoir d'être utile à nos confrères.

Nous avons en effet remarqué que le séjour et la chaleur d'une étable sont favo-

rables aux jeunes chiens, qu'on ne doit
jamais élever près d'un chenil; que le
froid, la neige, la pluie, la rosée elle-même,
leur sont pernicieux; que la nourriture
doit être variée; que le laitage, les farineux
sont insuffisants; que la chair, distribuée
avec mesure et par petits morceaux, est
salutaire; enfin que le soufre en poudre et
l'huile d'olive, administrés de temps à
autre, produisent de bons effets.

Ajoutons encore qu'on n'aura qu'à se
louer de tous les soins de propreté, et que
l'usage, une fois par jour, de la brosse est
des plus salutaires pour tous les chiens
en général, et absolument indispensable
surtout pour la santé des élèves.

On voit fréquemment des chiens qui,
après avoir changé de pays, éprouvent de
grandes difficultés à chasser sur un terrain nouveau pour eux; l'odorat semble
alors leur manquer complètement; il est
sage d'attendre, avant de se prononcer à
leur égard, qu'ils aient eu le temps de s'ac-
coutumer aux odeurs de ce nouveau
théâtre de chasse. Jean du Bec rappelle, à
ce propos, que l'excellente meute de mon-
seigneur le Grand-Prieur de France ne
put chasser en Provence à cause des senteurs de lavande, de thym et de romarin,
dont le pays était couvert.

Sans aller chercher un exemple aussi

loin, qu'il nous suffise de constater que
les chiens de plaine ont du mal à chasser
en montagne et réciproquement, et que,
même dans un terrain de chasse peu
étendu, il est des parties sur lesquelles ils
éprouvent *tous* de réelles difficultés. « Il
« faut savoir, dit Jean du Bec, qu'il y a
« certaines terres sur lesquelles les chiens
« chassent mieux que sur d'autres; » par
contre, il en est, à notre avis, où ils chassent moins bien.

Les lièvres semblent connaître ces terrains défectueux et les avantages qu'ils
ont à les fréquenter, car souvent ils vont
les trouver de fort loin. En pareil cas, il
faut immédiatement prendre les grands
devants, attendu que la bête de meute ne
s'y remet point, ainsi que nous l'avons
toujours remarqué.

D'Houdetot, dans sa *Petite Vénerie*, dit
que les chiens *blancs* sont les plus esti-
més, d'abord parce qu'ils sont blancs
(couleur plaisant à l'œil), et ensuite parce
qu'on les croit plus résistants à la fatigue
et à l'ardeur du soleil.

A notre avis, les chiens blancs sont
principalement recherchés parce qu'on
les aperçoit de plus loin et parce qu'ils
sont moins exposés dans le couvert que
les chiens rouges ou fauves à recevoir des
coups de fusil. Quant à l'influence de la

couleur sur la vigueur des animaux, nous
n'en croyons pas un traître mot, aujour-
d'hui surtout que, de par la loi, on ne
chasse plus à courre pendant l'été; d'ailleurs il existe, comme chacun sait, des
chiens vigoureux et ardents sous tous les
poils, et c'est tout au plus si une réserve
pourrait être formulée à l'égard des animaux à pelages longs, touffus et serrés.

Le Verrier de La Conterie, en traitant
des qualités du chien courant, dit qu'il faut
s'assurer, lorsqu'on fait choix d'un chien,
« s'il crie bien, s'il n'est ni trop chaud, ni
trop froid de gueule, s'il est collé et pourtant bien allant, s'il est *bon rapprocheur,*
s'il est sage et diligent dans les défauts. »

Assurément Le Verrier, en disant « s'il
est bon rapprocheur, » veut parler du
chien qui, rencontrant une voie de bon
temps, s'empresse de l'indiquer de la voix
et du geste, par des mouvements et par
des coups de gueule, de telle sorte que ses
compagnons de chenil dûment prévenus
puissent rallier et s'ameuter.

A nos yeux, cette qualité est de la plus
grande importance, et son absence constitue chez le chien de meute un défaut capi-
tal.

En effet, le chien qui ne rapproche pas
quête à la muette; il suit sa voie sans aver-
tir, il s'éloigne et met le gibier sur pied

sans crier gare; si le vent est contraire, vous risquez de perdre la chasse; s'il est favorable, les autres chiens, entendant le lancer, partent à fond de train; ils s'emportent en criant d'impatience, et finalement arrivent sur la voie haletants et essoufflés.

Les chiens froids et chiches de voix en chasse, ainsi que ceux qui n'ont pas suffisamment de gorge, présentent des inconvénients à peu près analogues.

III

DES CONNAISSANCES DU LIÈVRE

———

Un véritable veneur ne laissera jamais sa meute courir un levraut, parce que cette chasse ressemble trop à celle du lapin, qui non seulement rebute les bons chiens, mais les rend bien vite paresseux et *musards*.

« Quant aux hases, dont la menée habi-
« tuelle est presque toujours impatien-
« tante, voici en général comment elle se
« font battre. Ces insupportables bêtes, à
« leur lancer, fuient droit cent pas, puis
« reviennent sous elles par sauts et bonds,
« et se relaissent sur une cépée. Les
« chiens viennent-ils à bout de la relan-
« cer, elle continue de faire la même
« chose, si bien qu'elle est toujours der-
« rière les chiens, qui se rebutent de sa
« manœuvre d'autant plus vite, que plus
« ils sont bons et entreprenants, plus et
« mieux ils aiment une bête qui tire de

« long, » comme le fait constamment le bouquin, qui est *moins lourd* et *plus vigoureux*.

Il faut donc, pour le contentement et le bien de la meute, ainsi que pour le plaisir des chasseurs, tâcher de ne poursuivre que des bouquins, et rompre sans hésitation sitôt qu'on découvre qu'un levraut ou une hase est devant les chiens. Cette découverte n'est pas des plus faciles sans doute, mais on peut encore en venir à bout, si on se pénètre bien de ce qu'en termes de vénerie on appelle les connaissances du lièvre, que nous allons vous exposer, en prenant nous-même pour guides Le Verrier de La Conterie et Le Coulteux de Canteleu.

Gaston Phœbus, ayant avancé dans son livre qu'on ne pouvait *à vue* juger du sexe pas plus que *par le pied,* s'est vu morigéner très fort par Jacques du Fouilloux, qui dit nettement que « *c'est tout le contraire et assez facile.* » Nous allons voir que du Fouilloux a raison.

« Le bouquin, dit Le Verrier, est *plus* « *court, plus rouge, mieux râblé, culotté et* « *gigotté que la hase; il a la tête plus grosse,* « *plus ronde et plus courte que la femelle; il* « a une *longue barbe, les oreilles courtes,* « *larges et blanchâtres :* il parait surtout, « dans la saison du rût, *avoir plusieurs*

« *taches blanches au derrière*, ce qui provient
« d'un manque de poil qui lui a été arraché
« par les autres bouquins tandis qu'il s'ac-
« couplait. »

« La hase est *plus grande et plus longue*
« *que* le bouquin ; elle a *le poil du dos d'un*
« *gris tirant sur le noir;* elle a *le derrière*
« *moins blanc et le cul moins étoffé;* la queue
« *plus longue, moins large et moins blanche;*
« elle a la tête *longue et étroite, les oreilles*
« *longues.* »

Grâce à ces descriptions, si deux lièvres
de même climat et à peu près de même
âge, mais de sexes différents, avaient la
complaisance de poser quelques minutes
devant vous, il est certain que vous ne tar-
deriez point à vous prononcer et à dire :
Voilà le bouquin et voici la hase! car en
effet votre jugement serait aisé à rendre.
Mais, dans la pratique, la chose est moins
facile, puisqu'il vous faut mentalement
confronter l'animal qui se trouve sous vos
yeux avec un animal absent et d'un autre
sexe ; ajoutez à cela que votre sujet d'études
n'est le plus souvent visible que quelques
secondes, qu'il est rarement en pleine
lumière, etc., etc., et vous déclarerez bien
vite qu'en pareille occurence on risque fort
de porter un jugement téméraire.

Il est cependant un certain nombre de
veneurs qui, grâce à une excellente vue, à

une rapidité de coup d'œil sans égale et à une sûreté d'examen presque infaillible, parviennent, *après une longue pratique,* à ne se tromper *pour ainsi dire jamais.*

Si on n'a pu juger du lièvre *à vue,* soit au gîte, soit à sa sortie, soit en chasse, il ne faut pas se désespérer pour cela, car il reste encore la ressource de le connaître par le pied. Décrivons donc d'abord, d'après Le Coulteux de Canteleu, la marche du lièvre :

« Lorsque cet animal *court* ou *trotte,* il
« place ses pieds de devant *droit l'un devant*
« *l'autre,* et il en recouvre la trace avec ses
« pieds de derrière, de telle manière que
« les longues empreintes des pieds de
« derrière dépassent les traces des pieds
« de devant, et cependant se trouvent à
« côté l'un de l'autre; et comme le lièvre
« appuie chaque fois ses pieds de derrière
« jusqu'au talon, la trace en est bien plus
« longue et plus large que celle des pieds
« de devant. Il est donc bien facile de dis-
« tinguer l'un de l'autre. »

Nous ferons remarquer que le mot *recouvre* ne doit pas être pris à la lettre, sans quoi l'explication de Le Coulteux deviendrait incompréhensible; il faut lire *passe par-dessus la trace,* comme l'indique le dessin ci-joint, qui rend bien la pensée de l'auteur.

MARCHE DU LIÈVRE.

VOIR PAGE 40

Le Verrier de La Conterie, dans la description qu'il donne du lièvre mâle ou *bouquin,* s'exprime ainsi : « Il a le talon « large, le surplus du pied serré et fort « pointu, les ongles courts et usés. »

« La hase, d'après lui, a le pied plus « long, plus large, plus ouvert que le bou- « quin; elle y a beaucoup plus de poil, et « ses ongles sont plus longs et plus « menus. »

Le comte Le Coulteux de Canteleu ne borne pas à cette laconique description l'étude du pied du lièvre, et il a bien raison, selon nous.

« La connaissance du pied du lièvre, « dit-il dans la *Vénerie française,* n'est pas « facile, mais il n'en résulte pas qu'elle « soit à négliger; au contraire, elle est « d'une bonne étude, car non seulement « on peut arriver à distinguer le bouquin « de la hase, mais même distinguer par « le pied deux lièvres du même sexe.

« Le bouquin a plus de jambe et de « talon que la hase; il a le pied beaucoup « plus court, plus serré et plus pointu « qu'elle, distinct, en cela, de presque « tous les autres animaux de vénerie, chez « lesquels la femelle a le pied plus pointu « que le mâle.

« La hase, au contraire, a le talon étroit, « le pied long, large, garni de beaucoup

« de poil, et elle appuie plus du talon que
« de la pince; ses ongles, menus et poin-
« tus, sont écartés les uns des autres; ils
« entrent peu avant dans la terre; enfin
« le pied est bien différent de celui du
« bouquin, qui est fait comme la pointe
« d'une lancette. »

Les repaires, qu'on trouve en suivant le
pas du lièvre, peuvent encore éclairer sur
le sexe de la bête de meute, et on ne doit
pas les négliger. « Le repaire ou les crot-
« tes du mâle, dit Le Verrier, sont *plus*
« *petites, plus sèches, plus aiguillonnées que*
« *celles de la femelle;* ses crottes sont moins
« grosses, parce qu'il est plus petit; elles
« sont plus sèches, plus aiguillonnées,
« parce qu'il est échauffé, qu'il marche et
« court sans cesse.

« Quant à la hase, ses crottes, comme
« elle est plus grande, sont *plus grosses* que
« celles du bouquin; elles sont *rondes,*
« *mieux moulées et moins sèches,* parce
« qu'elle viande et digère plus tranquil-
« lement. »

On reconnaît enfin le mâle par la confiance qu'il montre dans ses forces et son
agilité; je veux dire par la hardiesse avec
laquelle il tient au gite, par la nonchalance
dont il en sort, ensuite par la manière
dont il dresse une oreille et couche l'autre,
la queue retroussée sur l'échine, secouant

le jarret et enfilant à toutes jambes le premier chemin qui le conduit au bois ou au village qu'il connaît. La hase, au contraire, quoique plus grande que le bouquin, a pourtant moins de force et d'agilité; aussi part-elle de son gîte de bien plus loin que lui, parce que, se sentant plus faible, elle est naturellement plus timide.

Il est encore certains indices qui peuvent sinon déterminer le jugement du piqueur, tout au moins le rectifier, le guider ou le corroborer; mais nous ne nous y attarderons pas, convaincu que nous sommes d'en avoir dit assez sur la matière.

La description, que donne plus haut Le Coulteux, du pied du lièvre, est si exacte et si complète que nous ne voyons rien à y ajouter; seulement il nous a paru bon d'étudier avec soin la forme et la structure du pied de cet animal, certain que nous puiserions dans cet examen des enseignements pleins d'intérêt et d'utilité pour la chasse.

En général, chez les animaux dont le pied *(ou la patte)* est pourvu de plusieurs doigts, ceux-ci sont garnis, en dessous, de parties charnues formant matelas; ces parties charnues sont ordinairement dépourvues de poil et appuient fortement sur le sol. Il n'en est point ainsi chez notre rongeur.

Le pied du lièvre est effectivement muni de doigts très minces, très allongés, qui ne présentent pas de partie charnue ; et, si on les dépouille du poil qui les recouvre de toutes parts, on croit avoir sous les yeux la patte sèche du coq ou du dindon seulement.

La prévoyante nature a pourvu ce pied d'un poil très fin, mais très dru et très serré, qui, à la partie inférieure, a l'aspect et la forme d'une brosse ; et nous allons voir quels sont les principaux avantages que le lièvre retire de cette conformation particulière.

Grâce à cette enveloppe poilue, il évite les atteintes des ronces, des pierres, de la gelée et des aspérités du sol ; il s'avance sans bruit, et enfin il dissimule la trace de ses pas. En en mot, le poil garnissant son pied est un véritable matelas, et, qui plus est, un matelas *isolant*.

La nature ainsi a voulu que ce pauvre animal, qui ne compte que des ennemis et qui, pour défendre sa vie, ne possède que sa ruse et ses jambes, eût du moins à sa disposition tous les moyens possibles pour dissimuler sa trace.

Comparez son pas avec celui des autres animaux hantant nos forêts, renard, chat, blaireau, par exemple, et vous serez étonné de la légèreté avec laquelle le liè-

PIED DROIT DE DEVANT D'UN LIÈVRE.

 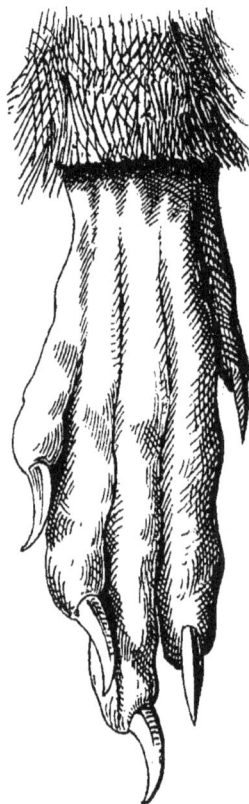

VU EN DESSOUS,   VU EN DESSUS,

après enlèvement des poils qui le couvraient.

VOIR PAGE 44.

vre semble courir; son pied paraît à peine
toucher le sol; on dirait qu'il marche sur
ses ongles, à l'instar des danseuses de
l'Opéra. Mais il n'en est rien, fort heureu-
sement pour nos pauvres toutous, qui,
sans cela, ne viendraient jamais à bout de
le dépister. Donnez-vous en effet la peine
de suivre sa voie sur une terre molle, et
vous serez bientôt convaincu que le pied
tout entier, et non pas seulement les
ongles, repose sur le sol, tandis que ces
derniers *seuls,* sur tout autre terrain, laissent leur empreinte, pendant que le reste
du pied, grâce au matelas de poil, paraît
n'avoir point touché la terre.

Lorsque le sol est fortement détrempé,
notamment après le dégel, la marche dans
les terres cultivées devient très pénible
pour les chasseurs et les chiens; mais
le lièvre, loin de redouter la plaine en
pareil cas, sait en tirer un avantage pour
sa défense; il choisit les parties les plus
boueuses et, tout en courant, il enlève la
terre qui s'attache à ses pieds et sur laquelle il aurait laissé son empreinte et son
sentiment.

Nous avons avancé que le poil dont le
pied du lièvre est garni faisait l'office d'un
matelas *isolant.* Voici comment il faut
l'entendre.

Chacun sait que la fourrure est mauvaise

conductrice de la chaleur; or, s'il est vrai,
ainsi que nous le pensons, que le fumet,
l'odeur, le sentiment du lièvre a pour véhicule la chaleur, quoi d'étonnant à ce que
le poil des pieds, autrement dit que cette
fourrure qui ne permet pas à la chaleur
de s'échapper, ne laisse, par cela même,
passer qu'une très faible quantité d'odeur?

Si nous ajoutons à cela que la conformation du pied lui-même, qui est très sec
naturellement et qui est dépourvu de
chair, semble fort peu propre au développement du fumet, on comprendra combien la piste du lièvre doit être délicate,
éphémère, et, par contre, à quel point le
sens de l'odorat doit être développé chez
le chien qui a mission de la démêler.

La théorie du matelas isolant nous permet encore d'expliquer comment il se fait
que la meute perde fréquemment un lièvre
blessé à mort ou simplement sur ses fins;
car, dans l'un et l'autre cas, le sang se
retire des extrémités; or le sang étant lui-
même le véhicule de la chaleur, celle-ci
disparaît en même temps, et, avec elle,
l'odeur et le fumet.

IV

DES INFLUENCES ATMOSPHÉRIQUES

———

Dans la partie de l'année qu'on nomme la belle saison, les chiens courants chassent difficilement, parce qu'en desséchant la terre le soleil détruit le sentiment du gibier.

Le terrain ne commence *à se faire*, disent les chasseurs, que dans le courant d'octobre, lorsque les pluies d'automne ont détrempé le sol.

Un terrain sec et poudreux n'est pas de nature à recevoir l'odeur que lui abandonne, du bout des ongles, le petit animal dont nous nous occupons ; ne pouvant recevoir ces effluves fugitives, il peut encore moins les conserver.

Au contraire, une terre humide, douce et détrempée, absorbe l'odeur en plus grande quantité. Or, plus elle en a absorbé, plus elle en peut rendre.

L'auteur de l'*Antagonie du chien et du liè-*

vre, messire Jean du Bec, abbé de Mortemer, a dit quelque part : « L'humidité rend
« la vapeur éparse, le chaud fait à l'instant
« corruption des voies. » Cet aphorisme ne
nous semble pas fondé; car il est plus
exact de dire que le terrain desséché par
la chaleur se trouve inapte à recevoir les
voies, à en conserver le sentiment et, par
suite, à le transmettre. Ajoutons que la
poussière annihile chez le chien le sens
de l'odorat.

Jean du Bec traite *de grossières* les autres
raisons données par certains chasseurs,
qui prétendent « que le vent du midi fait
« sortir de la terre une vapeur qui entre
« dans le nez des chiens et les empêche
« de recueillir les voies. »

A notre avis, l'abbé de Mortemer a mal
jugé; s'il eut réfléchi et mieux observé, il
aurait sans doute remarqué, ainsi que
nous avons pu le faire, que le vent du midi
coïncide ordinairement avec une baisse
barométrique dont la préface rigoureuse
est une diminution de la pression de l'atmosphère sur la surface du sol; le cas
échéant, n'est-il pas logique de penser que
les gaz ou les vapeurs s'échappent alors
du terrain plus aisément et en quantité
telle qu'ils entraînent les voies en les cor-
rompant? Donc l'état présent de l'atmosphère est d'un grand poids dans la ba-

lance quand il s'agit de bien chasser un lièvre; personne ne le contestera.

Mais ce qui a lieu de nous surprendre, c'est que le temps *futur* lui-même agisse au plus haut point.

Maintes et maintes fois, il nous est arrivé, par des journées calmes et sereines, alors que le soleil resplendissait dans un ciel sans nuage, de chasser avec les plus grandes difficultés. En pareil cas, le chasseur ignorant ne manque pas de maudire le sort et d'accuser ses pauvres chiens qui n'en peuvent mais.

A quelle cause faut-il donc attribuer ce déboire? Nous répondrons sans hésiter : A des influences atmosphériques dues au temps qu'il doit faire dans la nuit ou le lendemain. Les chiens courants en·effet sont, sans s'en douter, de véritables baromètres qui, par leur menée, annoncent le temps futur plus sûrement peut-être que ne pourraient le faire les meilleurs instruments de physique.

Cent fois nous avons fait une pareille remarque; de cette observation, il faut forcément conclure que les variations atmosphériques, correspondant à des pressions différentes de l'air sur la surface du sol, influent sur le terrain et, par suite, sur la chasse.

Cette influence se manifeste soit un

jour, soit seulement quelques heures à l'avance; il nous est arrivé en effet de voir, au début de la journée, nos chiens chasser correctement, puis, subitement et sans cause apparente, se trouver dans l'impossibilité de suivre la voie, même celle d'un lièvre déboulant devant eux.

Pour expliquer ce fait, messire du Bec aurait dit « que le lièvre est un petit ani-
« mal mélancolique, froid et sec ; que
« quelques lièvres surabondent tellement
« en cette humeur qu'ils sont sans senti-
« ment, et que les chiens ne les peuvent
« courre qu'à vue, tandis que, le même
« jour, ils en retrouvent un autre et le
« prennent sans nul défaut. »

Laissant messire du Bec se plonger dans son système d'humeur mélancoli-
que, chaude ou froide, consultons tout bonnement l'atmosphère, et neuf fois sur dix nous serons bien renseignés.

A notre avis, quelque soit le vent qui règne, nord, midi, ouest ou est, pourvu qu'il ne soit point trop fort, le succès de la chasse, le plus souvent, dépend du temps qu'il doit faire prochainement, dans la nuit ou le lendemain ; et si les chasseurs sont d'accord pour reconnaître que les vents du nord et de l'est sont les plus favo-
rables, c'est que généralement, lorsqu'ils soufflent, le baromètre est en hausse.

Nous avons en outre observé qu'à l'approche d'une série de pluies continuelles ou d'une chute de neige abondante, le terrain de chasse devenait mauvais pour les chiens *plusieurs jours à l'avance.*

Quand la neige couvre la terre, la chasse du lièvre au bois, contrairement à ce qu'on serait tenté de croire, n'est point toujours facile. En pareil cas, la bête de meute fait généralement ruse sur ruse; elle rebat avec persistance ses voies et ne se décide qu'avec peine à prendre un parti. Disons vite en passant qu'elle se conduit absolument de la même façon lorsque le bois est plein d'eau.

Le piqueur alors doit suivre activement les chiens et s'efforcer de revoir du pas; la neige facilitera ses recherches et lui dévoilera les ruses de l'animal.

Amateurs du coup de fusil, serrez la meute de près, placez-vous dans les sentiers déjà foulés par la chasse, veillez au retour sur le contrepied, visez juste, et le lièvre aura vécu!

N'oublions pas ici de dire que, dans la première nuit (souvent même dans la seconde encore) après la chute de la neige, tous les animaux sauvages ne sortent jamais du bois pour aller au gagnage.

V

CHASSE A COURRE

AVERTISSEMENT

Avant de traiter du mieux qu'il sera possible de la chasse à courre, il nous semble indispensable de bien faire connaître aux chasseurs les principales ruses qu'emploie d'ordinaire un bon lièvre, tant pour dérober son gite à leurs recherches que pour dérouter, après avoir été lancé, la poursuite de la meute.

Nous avons dit *les principales ruses,* parce qu'il serait entièrement impossible dans un livre, fut-il de mille pages, d'énumérer toutes les roueries auxquelles un déluré bouquin peut avoir recours pour sauver sa peau de la dent des chiens.

Ruses du Lièvre.

———————

Au chapitre des ruses du lièvre allant
à son gîte, Le Verrier, dans l'*Ecole de la
chasse,* fait une description minutieuse des
allées et venues de cet animal. D'Houdetot la copie mot à mot, mais Joseph La
Vallée ne la reproduit qu'avec quelques
variantes ; quant à Blaze, il n'en parle
point.

Nous n'imiterons pas le silence de ce
dernier, car, si cette ruse n'est point
essentiellement dans les habitudes jour-
nalières du lièvre, comme on serait tenté
de le croire par la lecture des ouvrages
précités, elle n'en est pas moins digne
d'examen, vu les difficultés qu'elle suscite
aux chiens chaque fois qu'elle se présente.

On conçoit facilement du reste qu'un
animal sans défense, désireux avec raison
d'assurer son repos du jour, embrouille

Fig. 1.

VERSION LE VERRIER.

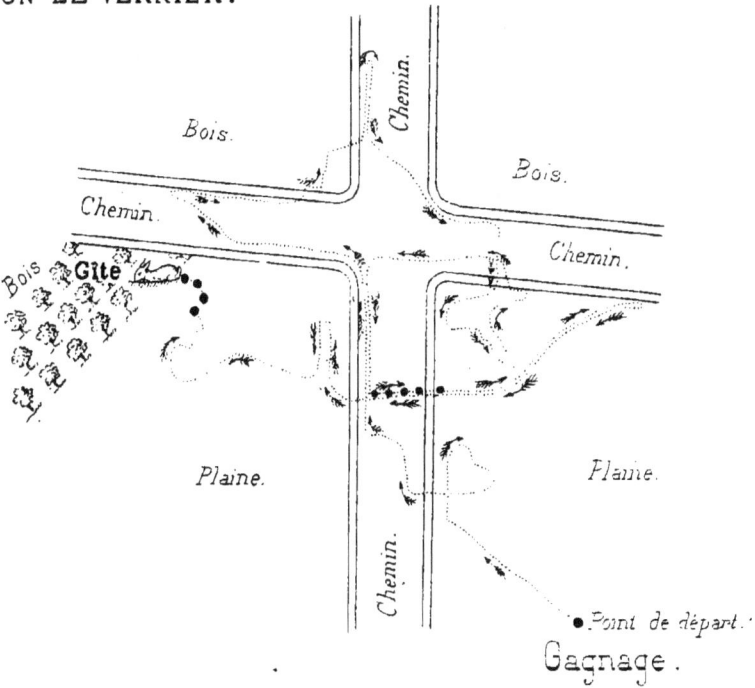

Bois.

Chemin.

Bois.

Chemin.

Chemin.

Bois. **Gîte**

Plaine.

Plaine.

Chemin.

• Point de départ.

Gagnage.

Fig. 2.

VERSION LA VALLÉE.

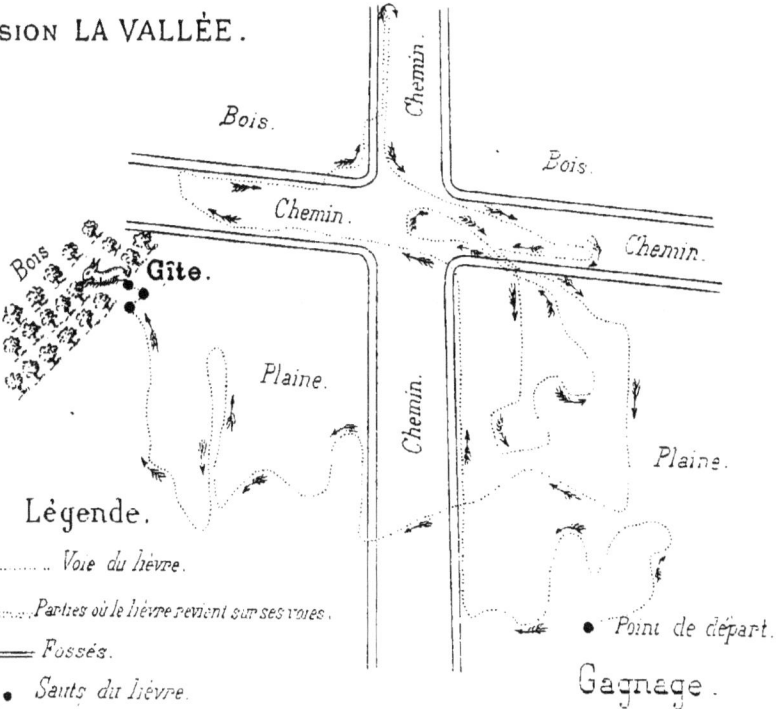

Bois.

Chemin.

Bois.

Chemin.

Chemin.

Bois. **Gîte.**

Plaine.

Chemin.

Plaine.

Légende.

.... Voie du lièvre.

.... Parties où le lièvre revient sur ses voies.

========= Fossés.

•••• Sauts du lièvre.

• Point de départ.

Gagnage.

ses voies à l'infini ; on peut donc dire que
la nature semble avoir révélé au lièvre le
proverbe bien connu : « Comme on fait
son lit, on se couche. »

Nous avons pensé que, pour faciliter
l'étude de cette ruse, en reproduire textuellement comme ci-dessus la description donnée par Le Verrier serait insuffi-
sant ; nous l'avons donc fait suivre d'une
planche qui élucidera les textes, qui ne
brillent pas par la précision et par la
clarté ; dans cette petite planche, nous
avons fait figurer la variante de Joseph La
Vallée, afin de pouvoir renvoyer au bas
de la page (1) sa version, qui, faisant pres-

---

(1) « Le lièvre pose rarement son gîte près de l'en-
« droit où il a fait sa nuit ; il gagne la route, le sen-
« tier le plus voisin, non une ligne droite, mais en
« décrivant plusieurs arcs de cercle, puis il longe le
« chemin jusqu'à ce qu'il ait trouvé un endroit pro-
« pice pour faire ses ruses. Il choisit le plus souvent
« un carrefour, il va et revient dans tous les chemins
« qui s'y croisent, puis il se jette dans la campagne,
« fait cent détours, de manière à mêler ses voies
« comme l'écheveau le plus embrouillé, revient au
« carrefour par la même coulée, retourne en arrière en
« doublant ses propres voies ; puis il s'arrête, d'un
« bond se jette sur le côté, traverse le champ, fait
« encore des ruses, revient au chemin, passe de l'autre
« côté et va établir son gîte dans l'endroit qui, suivant
« le temps, lui semble le plus approprié.
« Il cherche les lieux secs par la pluie, les lieux frais
« par la sécheresse, les endroits couverts lorsque le
« soleil est ardent, les lieux à l'abri du vent lorsque
« souffle la bise. »

que complètement double emploi avec
celle de l'auteur de l'*Ecole de la Chasse aux
chiens courants*, aurait allangui notre exposé.

« Le lièvre, à la sortie du gagnage, tire
« d'abord droit ses voies, puis il dessine,
« d'endroit en endroit, quelques lignes
« courbes qui ne causent que de très pe-
« tits embarras : mais lorsqu'il se sent
« bien ressuyé, et qu'il voit l'heure et le
« moment de se gîter, alors il gagne un
« chemin et le suit jusqu'au premier car-
« refour; s'il est composé de trois ou quatre
« autres chemins, il va et vient dans tous,
« puis sort du dernier où il se trouve pour
« entrer dans le champ voisin, où il fait
« mille allées et venues, après quoi il ren-
« tre dans le même chemin par la même
« brèche, et il retourne à son carrefour,
« d'où il revient sur ses voies jusqu'au
« milieu de celles qu'il a formées dans le
« premier chemin qu'il a pris au sortir de
« son *ressui;* là, il s'arrête à réfléchir un
« instant, et tout à coup se jette de côté
« par-dessus la haie, et traverse en droite
« ligne le champ où il est entré jusqu'au
« fossé, même jusqu'au bois de l'autre
« part, s'il y en a un; mais, au lieu d'y
« demeurer, il revient sur lui dans ce fatal
« chemin, qu'il abandonne enfin, en pas-
« sant du côté opposé à celui où il a fait ses

« dernières ruses, pour aller se gîter en
« lieu convenable au temps qu'il a prévu
« qu'il ferait ce même jour. Mais il ne faut
« pas croire qu'il y aille en droite ligne;
« il en forme, au contraire, une infinité,
« qui se confondent d'une étrange ma-
« nière; et, lorsqu'il est arrivé à cinquante
« pas du lieu où il a décidé d'établir son
« gîte, il fait des sauts étonnants à droite
« et à gauche, et, définitivement, il s'é-
« lance dedans (1). »

« A force de travail, les chiens débrouil-
« lent cette fusée et arrivent jusqu'au der-
« nier saut. Ce serait mal le connaître que
« d'imaginer qu'il va s'effrayer et partir
« parce qu'il les voit tout près de lui; point
« du tout; il s'enfonce dans son gîte et
« fixe toute son attention aux mouve-
« ments du piqueur et des chiens qui le
« cherchent, et lorsqu'il les voit occupés à
« prendre des devants pour redresser sa
« voie, et qu'ils sont assez éloignés pour
« ne pas l'apercevoir dans la fuite qu'il
« médite, il sort de son gîte les oreilles
« basses, et s'en retourne par où il était
« venu. Il enfile ensuite le premier che-

---

(1) « Tout chasseur, dit avec raison Le Verrier, qui
veut bien apprendre à démêler les ruses que fait un
vieux lièvre allant à son gîte, doit profiter du temps où
la terre est couverte de neige, pour le suivre à l'étrac. »

« min qu'il trouve, de celui-là passe dans
« un autre où il fait ruse sur ruse, après
« quoi il se forlonge, en se donnant le
« vent, afin de ne pas se laisser surpren-
« dre et d'être à portée de juger de la
« façon dont les chiens, qui, comme il l'a
« très bien prévu, auront saisi sa voie en
« closant leurs cernes, la maintiendront
« et le chasseront. S'il trouve qu'ils le
« chassent mollement, et qu'il les entende
« presque aussitôt tomber en un défaut
« de longue durée, de ce moment il ne les
« craint plus; il considère le pays, puis
« s'en va, toujours rusant, s'établir dans
« une nouvelle demeure; mais si les
« chiens le rapprochent et viennent à bout
« de le relancer, alors il redouble de ruses
« pour tâcher de s'en défaire.

« J'ai vu un lièvre [1], au bout d'une
« heure de chasse, longer une grande
« route plus de cinq cents pas, revenir
« sur lui jusqu'à une chapelle qui était
« sur le bord de cette route, et se jeter de-
« dans par une petite fenêtre.

« J'ai vu un lièvre passer et repasser
« deux fois la Vire, qui est une des plus
« considérables rivières de la Normandie,
« et s'y laisser entraîner au fil de l'eau

---

[1] C'est toujours de La Conterie qui parle.

« jusqu'à une petite île qui était au mi-
« lieu, dans laquelle il se remettait.

« J'ai vu, mais une seule fois depuis
« quarante-deux ans que je chasse, un
« lièvre fort vigoureux qui, au bout de
« deux heures de chasse, donnait le
« change d'un autre lièvre, qu'il forçait
« de sortir de son gîte à coup de patte :
« après quoi il faisait un *ourvari* sur ses
» doubles voies de plus de cent pas, et se
« jetait de côté sur le ventre. Le hasard
« me fit connaître sa manœuvre : un de
« mes étriers ayant cassé, je descendis
« pour le raccommoder, ce qui m'arrêta
« un temps assez considérable; comme
« j'allais rejoindre la chasse, j'aperçus
« mon lièvre qui revenait dans son can-
« ton, ce qui me fit arrêter court derrière
« un pommier pour l'observer, et d'où je
« le vis faire à mon aise. Quand j'eus suivi
« le change de vue jusqu'à une certaine
« distance, et que je me fus bien assuré
« de l'endroit où mon lièvre de meute
« s'était relaissé, je courus au-devant de
« la chasse, prévenir mon piqueur et mes
« camarades de ce que je venais de voir.
« Ce lièvre, aussitôt relancé, fut pris au
« bout... d'une fuite de trois lieues; grâce
« à son change, je l'avais déjà manqué
« deux fois à la nuit.....

« J'ai vu un lièvre qui se retirait cons-

« tamment tous les matins dans un petit
« bois, lequel, au premier coup de gorge
« que donnaient les chiens, à sa rentrée,
« se levait du gîte, et, après une demi-ran-
« donnée faite dans ce bois, enfilait un
« chemin par lequel on l'exploitait; de ce
« chemin il allait à un autre, mais tou-
« jours par un sentier sans herbe et bien
« battu, de sorte qu'il connaissait tout ce
« qu'il y avait de ravins, de chemins et de
« sentiers dans le pays, et ne les quittait
« pas un instant. Je ne vins à bout de le
« prendre, à la septième chasse, que parce
« que je fis garder les chemins. Des liè-
« vres aussi rusés ne peuvent se prendre
« que quand la chasse est pleine et la
« terre bonne.

« J'ai vu plusieurs lièvres, se sentant
« sur leurs fins, sauter sur de vieux murs
« et s'y relaisser.

« J'en ai vu d'autres entrer dans des
« maisons inhabitées.

« J'ai maintes fois vu des lièvres se mê-
« ler dans des troupeaux de moutons, les
« uns s'enfuyant de compagnie avec eux,
« les autres laissant fuir les moutons au
« bruit des chiens, et demeurer relaissés.

« J'ai vu nombre de lièvres entrer cent
« pas dans un bois, faire trois ou quatre
« sauts à droite et à gauche, puis revenir
« sur leurs pas, se remettre, à une ou deux

« perches loin de ce bois, sur le bord du
« chemin par lequel ils étaient entrés.

« J'en ai vu d'autres, au moment d'être
« pris, se couler dans des clapiers ou au-
« tres cavités ; j'en ai vu un qui, dès qu'il
« était lancé, allait se mettre dans un ter-
« rier de blaireau.

« Tous les jours des lièvres, au moment
« d'être pris, voyant les chiens les gagner
« de vitesse, sortent du chemin dont ils
« ont fait leur dernière ressource, revien-
« nent le long de la haie qui le borde, et
« passent ainsi à côté des chiens. D'autres,
« pour avoir été chassés, sortent du gîte
« de si loin qu'ils entendent la trompe, et
« se forlongent extraordinairement ; d'au-
« tres s'élancent dans le fourché ou sur la
« tête de quelque arbre creux et peu
« élevé, dans la cavité duquel ils se ca-
« chent. »

« Jacques du Fouilloux a vu un lièvre
si malicieux que, dès qu'il oyait la trompe,
il se levait du gîte, et, eût-il été à un quart
de lieue de là, il s'en allait nager en un
étang, se relaissant au milieu d'iceluy sur
des joncs, sans être aucunement chassé
des chiens. »

Le Verrier a vu des lièvres *sur leurs fins*
sauter sur un mur, s'y relaisser et s'y laisser prendre ; mais il n'a pas vu, comme
mon frère Charles, au mois de septem-

bre 1869, entre Fontaine-les-Luxeuil et
Fougerolles, par une chaleur accablante,
au bout d'une heure et demie de chasse,
un vigoureux lièvre sauter sur le mur
d'un potager, de là sur une pile de fagots
et puis enfin sur le toit d'un hangar, où
il se rasait si bien que mon frère, auquel
un gamin l'indiquait, pensant voir là une
pierre verdie ou de la mousse, n'y crut que
lorsque l'animal, chassé à coups de pierre,
se décida à regagner la campagne à l'aide
des fagots et du mur, et il fallut encore
une menée de plus d'une bonne heure à
ses huit toutous pour le prendre.

Enfin nous croyons devoir citer un fait
qui, s'il n'est pas dû au hasard, viendrait
confirmer la pensée généralement répan-
due que le lièvre, lorsqu'il ruse, donne la
preuve d'un instinct extraordinaire.

A notre connaissance, trois lièvres
avaient l'habitude de faire leur nuit dans
des champs limitrophes de la forêt la Cro-
chère (Côte-d'Or); nos chiens se rabat-
taient vivement sur leur voie et la suivaient aisément jusqu'à la lisière du bois;
mais, arrivés là, ils se divisaient, donnaient quelques coups de gueule, et finalement revenaient sans avoir pu mettre
un seul lièvre sur pied.

Ne sachant comment expliquer ce fait
singulier, nous attendîmes, et la neige, ce

livre des ânes, vint bientôt nous fournir
le mot de l'énigme.

A l'endroit même où ces trois lièvres
opéraient leur rentrée, se trouvait une
petite coulée pratiquée d'habitude par des
renards; or, lesdits lièvres, favorisés par
un heureux hasard ou bien guidés par une
pensée machiavélique, suivaient également
ment la même coulée, confondant ainsi
leurs traces avec celles des renards; en
un mot, leur emboîtaient le pas. Si bien
que la puanteur de ces derniers couvrait
le sentiment des lièvres et que nos chiens,
dégoûtés, battaient en retraite.

Des principales ruses que nous venons
d'énumérer, tout piqueur intelligent pourra conclure quelle sera celle qui causera
son embarras à un moment donné.
L'heure est donc venue de mettre en pratique ces principes et ces leçons; mais,
auparavant, il nous faut choisir entre les
deux manières de prendre le lièvre à force
qui sont usitées aujourd'hui.

« La première, qui semble à du Fouil-
« loux la plus honorable, parce qu'on y
« connaît bien la bonté, la force et la
« vigueur des chiens, consiste à suivre,
« sans fohruer et sans abréger les ruses,
« la meute partout où elle va. La seconde
« est que, depuis que les veneurs ont vu
« faire le premier cerne à un lièvre s'ils

« ont connaissance du pays qu'il tient en
« ses fuites, ils gagnent les devants pour
« le voir à vue et en cet endroit fohruent
« leurs chiens, abrégeant ainsi les ruses. »

Comme du Fouilloux, nous donnerons sans hésiter la préférence à la première méthode, parce que, avec elle, on a des chiens bien collés à la voie, tandis que, avec la seconde, à la moindre sonnerie, ils lèvent le nez en l'air, quittent le droit pour accourir et deviennent volages.

Si le piqueur s'est bien pénétré de ce qu'en termes de vénerie on appelle *les connaissances du lièvre,* il ne laissera jamais la meute courir un levraut, parce que cette chasse, déplaisante au possible, ressemble trop à celle du lapin, qui non seulement rebute les chiens, mais encore les rend bien vite paresseux et *musards.*

Il devra également rompre sans hésiter aussitôt qu'il sera sûr qu'une hase est debout, sa menée ne pouvant jamais procurer du plaisir à son maître. Le Verrier de La Conterie, qu'il faut toujours, à la chasse du lièvre, choisir pour guide, va nous dire excellemment pourquoi il convient de ne pas courir les hases, tout en nous indiquant, par la même occasion, la manière de les prendre à force.

« Une hase ne peut faire qu'une chasse
« désagréable pour ceux qui veulent un

« bruit continu et qui aiment que cela tire
« du long ; elle n'est véritablement propre
« qu'à amuser des dames, qui, sans pi-
« quer, veulent continuellement voir le
« lièvre et les chiens. Une hase, en effet,
« ne s'écarte point de son gîte ; elle tourne
« sans cesse dans son petit canton, elle
« double et redouble ses voies, elle longe
« les mêmes chemins, elle passe presque
« toujours par les mêmes brèches ou les
« mêmes coulées. Quand elle a un peu de
« devant, elle fait un petit *ourvari* et se
« relaisse, ce qui lui occasionne de fré-
« quents relancés ; elle fait ordinairement
« toutes ses ruses dans les villages, pas-
« sant hardiment pardevant les portes
« des maisons, sans avoir peur des habi-
« tants, avec lesquels elle s'est comme
« familiarisée, par l'habitude qu'elle s'est
« faite de gîter au pied de leurs maisons
« et de manger les légumes de leurs jar-
« dins, qu'elle bat et rebat quand on la
« chasse.

« La plus forte ruse d'une hase est de
« profiter du devant [1] qu'elle a pour aller
« et venir dans les cours, par-dessus les
« mares à fumier et autres immondices
« capables d'infecter l'odorat des chiens

---

(1) C'est-à-dire de l'avance qu'elle a sur les chiens.

« elle entre de la cour dans le jardin, du
« jardin elle revient dans la même cour et
« s'en retourne sur elle faire la même
« chose ailleurs, et souvent dans le même
« endroit, dont on a eu beaucoup de peine
« à la tirer l'instant d'auparavant, ce qui
« occasionne un défaut.

« Quand on voit cela, il faut envelopper
« le village et bien prendre garde de la
« sur-aller aux chemins qui l'accèdent ;
« pour ne pas tomber dans cet accident,
« qui en occasionne définitivement la
« perte, il faut l'élonger fort loin et regar-
« der attentivement si on ne verra point le
« pied de cette hase dans celui des gens,
« des chevaux et des chiens qui ont déjà
« passé par là ; car, si on l'y voyait, ou
« qu'il fût imprimé dans un endroit où
« quelque chasseur rusé aurait effacé,
« comme en glissant, ses premières voies,
« ce serait une preuve assurée que celles
« qu'on y remarquerait seraient ses der-
« nières, et qu'elle se déroberait pour
« gagner quelque autre village de sa con-
« naissance, à dessein d'y pratiquer les
« mêmes ruses. Les hases, toutefois, lon-
« gent beaucoup moins les chemins que
« les bouquins ; elles les traversent volon-
« tiers par des coulées qu'elles se sont
« faites et qu'elles connaissent de vieux
« temps.

« Mais, si les devants du village où on est
« en défaut ont été pris et repris, d'abord
« diligemment, ensuite doucement et
« lentement; que les chemins qui arrivent
« au village aient été assez suffisamment
« longés et examinés pour être sûr qu'elle
« ne s'y en va point, on doit alors regarder,
« comme certain qu'on l'a laissée remise
« dans la haie ou dans les choux de quel-
« que jardin; dans une cour, sur un fu-
« mier, ou le cul contre un mur où il y
« aura des herbes ou broussailles; dans
« quelque étable où elle aura passé par une
« fenêtre ou par-dessous la porte; dans un
« abreuvoir où il y aura des joncs ou
« autre chose propre à la cacher; dans
« quelque vieille masure ou sur le haut
« d'un vieil mur garni de lierre ou de quel-
« que autre plante. Dans toutes ces sortes
« d'endroits, il faut en faire une recherche
« de l'œil, aussi exacte et scrupuleuse
« que celle qu'on ferait d'un diamant de
« cent mille écus; car il ne suffit pas de
« frapper sur tout ce qui peut la déro-
« ber à la vue, dans l'espoir de la faire
« repartir; elle se laissera, sur ses fins,
« plutôt prendre par les oreilles. Si, de
« hasard, les chiens en ont connaissance
« ou qu'ils tombent le nez dessus, ils la
« prendront sans bouger.

« Il est des hases de bois qui ne sont pas

« moins impatientantes : il semble que,
« touchant partout de leur corps, les
« chiens doivent les chasser sans le moin-
« dre balancer; point du tout, ces insup-
« portables bêtes, à leur lancé, fuiront
« droit cent pas, puis reviennent sous
« elles, par sauts et bonds, et se relaissent
« sur une cépée. Les chiens viennent-ils
« à bout de la relancer, elle continue de
« faire la même chose, si bien qu'elle est
« toujours derrière les chiens et parmi
« les chiens qui se rebutent de sa manœu-
« vre d'autant plus vite que plus ils sont
« bons et entreprenants, plus et mieux ils
« aiment une bête qui tire du long [1].

« Le désagrément et le peu de plaisir
« qu'il y a à chasser une hase, joints à ce
« qu'on détruit l'espèce, en prenant une
« malheureuse mère pleine de deux ou
« trois petits ou qui les allaite, devraient
« faire renoncer les bons chasseurs à
« jamais en attaquer. »

C'est donc aux bouquins du pays ou
étrangers que, pour le contentement de

---

(1) Il n'est point de chasseurs cependant auxquels il
ne soit arrivé de lancer quelques grandes hases au
bois, qui se permettaient de longues randonnées dans
la campagne avec peu de ruses et qui, quand elles
avaient des petits surtout, se faisaient prendre au
bout d'une fuite lointaine; mais cela se voit assez
rarement.

la meute et le plaisir des chasseurs, nous devons avoir affaire, parce qu'ils sont seuls véritablement capables de procurer de l'agrément par la force de leurs ruses et par leur vigoureuse défense. Mais comment être assuré qu'on a réussi à mettre la main sur un de ces hardis et beaux joûteurs? C'est encore l'auteur de l'*Ecole de la Chasse* qui va nous le dire :

« Quand, loin des villages et sous le nez
« de vos chiens, vous verrez partir non-
« chalamment du gîte un lièvre qui vous
« paraîtra plus rouge que fauve, les
« oreilles couchées, la queue basse, se
« traînant et faisant le petit, mais qui, à
« huit ou dix pas de là, commencera à
« secouer le jarret et à retaper sa queue,
« qui vous paraîtra large, ronde et pres-
« que toute blanche, qu'au même instant
« vous le verrez faire deux ou trois entre-
« chats, retombant sur les quatre pieds à
« la fois, ensuite prendre un galop vite et
« réglé, couchant alternativement une
« oreille et puis l'autre; d'après le juge-
« ment que nous vous avons montré à
« porter de lui, vous pouvez conclure de
« tous ces signes que vous voilà engagé à
« la poursuite d'un vigoureux et rusé liè-
« vre. »

Nous voilà en présence d'un déluré com-père, qui va nous donner du fil à retordre, mais est-il du pays ou bien avons-nous affaire à un lièvre *étranger,* qui n'est venu que pour courtiser les hases du canton? C'est ce qu'il serait bon de savoir à l'avance et ce qu'on ne peut malheureusement pas deviner.

Le bouquin du pays ruse et se fait prendre dans son canton, tandis que le lièvre étranger ne regagne le sien, où il est pris à son arrivée ou peu après, qu'après avoir bataillé une grande demi-heure, quelquefois plus, avec la meute pour se faire perdre, ne quittant qu'avec regret, et contraint et forcé, ses amours d'une semaine; et notez qu'il retourne dans son canton presqu'en droite ligne, *sans se soucier du vent,* parfois à trois, quatre ou même cinq lieues, ce qui expose singulièrement les veneurs à perdre la chasse.

Supposons donc qu'un bon bouquin du pays file devant la meute, et voyons comment il faut nous y prendre pour déjouer toutes ses ruses, les unes après les autres, et pour arriver à sonner l'hallali.

Avant de donner ici la théorie générale des manœuvres que le piqueur devra faire exécuter par la meute, si les vieux chiens n'en prennent pas presque toujours l'initiative comme d'ordinaire, ce piqueur se remémorera bien toutes les principales ruses que nous avons énumérées ; il tien-

dra en opérant grand compte du vent (1)
qu'il fait, ainsi que de la connaissance qu'il
doit avoir dans son canton des terrains
froids ou empestés par le fumier étendu,
ou odorants, dans lesquels le lièvre (qui
les connaît bien) ruse de préférence, sachant que les chiens y perdent d'habitude
ses voies. Il n'oubliera pas aussi qu'un
lièvre dont la première ruse a été faite sur
la gauche ou sur la droite les continuera
toutes sur la main qu'il a prise au début.
Cette constance, difficile à expliquer, est,
par le fait, toujours confirmée par l'expérience, et on peut l'ériger en axiome cynégétique.

Les causes qui produisent les défauts (2)
sont de deux sortes :

Tantôt les défauts sont le résultat d'une
manœuvre habile, d'une ruse de l'animal
chassé, tel que un ourvari, un contre-pied,
un doublé de voie, etc.

Tantôt ils proviennent de la nature
même du terrain ou de l'état de l'atmos-

(1) En pareil cas, Jean du Bec prescrit au piqueur,
lorsqu'un tel vent règne et dans les défauts, de prendre les devants, *premièrement du côté du vent, car les
lièvres,* dit-il, *s'en vont ordinairement le cul au vent :*
la nature leur enseignant l'avantage qu'il en reçoit. »

(2) Le défaut commence pour un veneur au point
précis où son ou ses meilleurs chiens tombent à bout
de voie.

phère, comme par exemple de la sécheresse, d'un chemin pierré, d'un sol marécageux, d'un changement de temps, etc.

. Enfin les défauts procèdent souvent de
plusieurs de ces causes, et ceux-là sont
toujours les plus difficiles à relever.

Il nous paraît superflu de définir ce
qu'en langage cynégétique on appelle
défaut, car le chasseur le moins expéri-
menté sait à quoi s'en tenir à ce sujet;
nous espérons donc que le lecteur voudra
bien nous dispenser d'enfanter laborieu-
sement une définition qui, ne pouvant
d'ailleurs qu'être inexacte et incomplète,
ne servirait à rien; mais, en revanche, il
nous importe au plus haut point d'étudier
soigneusement la nature des défauts et les
moyens de les relever.

Il ne suffit pas en effet d'élever des
chiens, de les conduire à la chasse et de
mettre un animal sur pied; il faut encore
leur apprendre à suivre la piste de cet animal dans tous ses méandres, à débrouiller
ses voies enmêlées à dessein, à déjouer
ses ruses, en un mot à surmonter toutes
les difficultés qui peuvent surgir, afin d'atteindre le but proposé, c'est-à-dire de
poursuivre l'animal jusqu'à ce que mort
s'en suive.

Pour enseigner, il faut savoir et *bien
savoir;* le bon chasseur fait le bon chien,

dit-on. Instruisons-nous donc et examinons ensemble la nature de ces difficultés qui vont surgir sur notre chemin et qu'il faut vaincre pour réussir.

Nous venons de voir que ces difficultés proviennent soit des circonstances atmosphériques ou de l'état du sol, soit des ruses de l'animal.

Ayant déjà autre part étudié les premières, nous ne nous y arrêterons point, et nous ferons seulement observer que, dans le cas où un défaut surgit sur un terrain défavorable, il est bon d'en sortir au plus vite en faisant élargir la quête des chiens.

Ce qui attirera principalement notre attention, c'est l'examen des difficultés provenant du fait de l'animal, *de ses ruses en un mot,* et nous étudierons, avec tout le soin dont nous sommes capable, les moyens de les déjouer.

Quand survient un défaut, il importe de le relever sans perte de temps, de crainte que la voie ne se refroidisse; mais par quel moyen et par quelle manœuvre atteindre ce but?

Réponse : en faisant *les devants* et *les arrières* ou, en d'autres termes, en formant une circonférence, soit *une enceinte,* autour du point où le défaut a surgi.

C'est en effet la figure géométrique la

plus logique, la plus expéditive qu'on puisse imaginer pour retrouver la voie. Qui, de l'homme ou du chien, a employé *le premier* ce moyen si simple? Nous ne saurions le dire, car nous avons vu de bons chiens y recourir d'eux-mêmes et avant qu'on le leur eût montré.

Mais ce moyen, tout simple qu'il est, encore fallait-il le trouver! N'est-ce point là l'histoire de l'œuf de Colomb et de la plupart des inventions?

Etant donnée la direction de la chasse, on appelle *les devants* et *grands devants* environ la demi-circonférence qu'on fait décrire aux chiens *en avant* du défaut, tandis que *les arrières* en sont exactement l'autre moitié, et nous nommons *enceinte* la circonférence entière. *Faire l'enceinte,* c'est donc, avec les chiens, tracer une circonférence plus ou moins grande autour du défaut.

Tel est le moyen élémentaire qui permettra, neuf fois sur dix, de relever un défaut, si toutefois le chasseur, tenant compte de nos recommandations, a eu le soin de bien mettre tous ses chiens *au commandement*.

Ce mode d'opérer est loin d'être une nouveauté : il en est question dans tous les ouvrages cynégétiques, et Le Verrier de La Conterie s'est longuement étendu sur ce sujet; mais on peut lui reprocher, ainsi qu'à ses prédécesseurs, une grande diffusion, peu d'ordre et un manque de méthode. Bref, pour bien apprécier le traité si savant de Le Verrier, il faut déjà beaucoup savoir, car il ne l'a point écrit pour des débutants. Entreprendre de combler cette lacune, c'est faire preuve de hardiesse; l'œuvre est malaisée assurément, mais *à vaincre sans péril, on triomphe sans gloire!* Tentons donc l'aventure, en nous recommandant au patron des chasseurs, ou bien, ce qui serait peut-être plus efficace, en s'assurant l'indulgence du lecteur.

Nous avons dit que la manœuvre à faire pour relever un défaut consistait : 1° A décrire un arc de cercle [1] en avant du défaut *(faire les devants)*; 2° A décrire un arc de cercle en arrière du défaut *(faire les arrières)*; 3° A décrire une circonférence complète autour du défaut *(faire l'enceinte)*.

Mais, nous direz-vous, dans quel cas faut-il procéder à l'une ou à l'autre de ces opérations, ou bien à toutes les deux? C'est là précisément ce que nous allons examiner :

---

(1) Cet arc de cercle, dans la pratique, représente une demi-circonférence environ.

Premier cas

On doit faire *les devants* et *grands devants* dans les cas suivants :

« 1° Si les chiens, surtout les jeunes,
« qui s'amusent volontiers sur les voies
« chaudes du gagnage, s'y entêtent ou ne
« peuvent les débrouiller, il faudra leur
« en faire prendre les devants pour en
« trouver la sortie;

« 2° Pendant le rapprocher, si les
« chiens, après avoir suivi la voie assez
« chaudement et assez loin, se trouvent
« la perdre tout-à-coup, et qu'en travail-
« lant à la retrouver, ils la retrouvent en
« effet dans un seul petit endroit, où on
« les voit se rassembler comme s'ils
« avaient tous le nez dans un même plat;
« qu'à dix pas de là ils fassent la même
« chose, c'est une marque assurée que le
« lièvre s'en va par sauts et par bonds et
« qu'il est sur le point de se giter.

« Si, après avoir foulé et battu exacte-
« ment le lieu où il a fait ces doubles sauts
« on ne l'y trouve point, il faudra en
« prendre les *grands* devants, surtout s'il
« y a un chemin voisin, et les faire de
« plus en plus grands. (Le Verrier). »

3° Si le terrain où a eu lieu le défaut
est désavantageux aux chiens, il convient,

suivant Le Verrier, de croire que le lièvre n'a pu y laisser que fort peu de sentiment; en pareil cas, on doit prendre de *très grands* devants afin de sortir la meute de l'endroit funeste.

4° Lorsqu'un lièvre a traversé une rivière, un marais, une prairie inondée, l'eau dont il est chargé refroidit sa voie tant qu'il n'est pas ressuyé; si les chiens alors tombent en défaut, prenez les *grands* devants.

Deuxième cas

On doit prendre *les arrières* dans les cas suivants :

1° Lors du rapprocher, lorsqu'on a foulé et battu sans résultat le lieu où le lièvre, avant de se remettre, a fait des doubles sauts, et quand on a vainement pris les grands devants en les faisant de plus en plus grands, il faut immédiatement revenir prendre les arrières, dont, soit dit en passant, il faut beaucoup se méfier;

2° Si le terrain où se produit le défaut est avantageux aux chiens, il n'est pas naturel qu'ils laissent aller leur lièvre, et on doit dès lors présumer que l'animal s'en est retourné en arrière ou qu'il a fait un ourvari, auquel cas, selon Le Verrier, il faut prendre les arrières sans hésiter;

3° De l'avis du même auteur, on doit encore les prendre soigneusement, lorsque le cas du fameux carrefour, dont nous avons amplement parlé ailleurs, vient à se reproduire;

4° Généralement on commence par prendre les devants, mais il est sage de commencer par les arrières dans le cas que cite Le Verrier : « Un lièvre semble, en « balançant dans un guéret aride et sec, « gagner un bois, et il arrive que vous « tombez en défaut dans ce guéret; en « pareille circonstance, vous devez com- « mencer par les arrières. » Et voici pourquoi :

En opérant de la sorte, vous écartez le danger du change et vous ne laissez point refroidir davantage une voie que les chiens ont de la peine à suivre dans ce guéret, tandis que, si votre lièvre est rentré au bois, où il laisse beaucoup de portée, la meute le rapprochera encore aisément, même un quart d'heure après;

5° Si, dans sa fuite, un lièvre, effrayé soit par la vue d'un objet inattendu, soit par un bruit insolite, change subitement de direction, ce qui entraîne fréquemment un défaut, commencez par prendre les arrières, car il y a gros à parier que l'animal a fait un ourvari ou bien a doublé ses voies.

Troisième cas

On doit prendre les devants et les arrières dans les cas qui suivent :

1° Si un lièvre chassé vient à bout, à
force de ruses, de mettre les chiens en
défaut, il faut prendre les devants et
les arrières ; mais, comme l'observe fort
judicieusement Le Verrier, « il faut d'a-
« bord les prendre *petits,* de crainte d'oc-
« casionner le change [1] ; ensuite de plus
« en plus grands, jusqu'à trois fois ; les
« deux premiers fort diligemment et les
« derniers très lentement ; avec l'attention
« de faire passer les chiens sur un terrain
« qui leur soit favorable. »

2° Nous avons dit qu'en cas de défaut
on prend tantôt les devants, tantôt les
arrières, suivant les cas énumérés aux
chapitres précédents ; mais, si l'une de ces
manœuvres ne réussit point, vous devez
la compléter par la manœuvre contraire,
de telle façon qu'alors l'enceinte se trouve
entièrement formée.

La théorie que nous venons de développer dans les trois brefs chapitres qui pré-

---

[1] Le change, hélas ! n'est guère à redouter aujour-
d'hui, tant les lièvres sont devenus rares presque partout en France.

cèdent nous semble suffisante pour la pluralité des chasseurs ; quant à ceux qui ne
s'en contenteraient pas, nous ne pouvons
que leur prescrire d'étudier à fond l'*Ecole
de la chasse aux chiens courants,* ouvrage
qui, malgré des imperfections et quelques
obscurités, est encore ce que nous con-
naissons de mieux sur le lièvre.

Cela dit, passons à la chasse tant soit peu
cuisinière qu'on fait à ce pauvre animal,
en ajoutant aux chances déjà si grandes
de la meute celles qui résultent de l'usage
d'une arme à feu.

VI

CHASSE A COURRE, A TIR ET A PIED

La chasse à courre, avec un nombreux équipage, que nous venons de décrire, ne peut guère se pratiquer qu'à cheval, et nous comprenons très bien pourquoi les amateurs de ce sport déclarent leur préférence pour la plaine.

Il est en effet bien plus agréable et commode pour les cavaliers de courre en plaine, parce qu'on y suit mieux de l'œil la menée des chiens et les allures du lièvre; cela est de toute évidence.

Comme on n'a point à tenir compte de la fatigue, tant pour le piqueur que pour les veneurs, puisqu'ils sont montés, on peut sans inconvénient se servir de chiens bien gorgés et très vites, qui, ne laissant au lièvre que peu de loisirs pour ruser et se forlonger, abrègent singulièrement le drame.

Mais avec de pareils chiens, qui cou-

rent comme le vent, il ne faut pas songer
à chasser quand piqueurs et veneurs opèrent à pied, et alors que faire ? N'employer,
dira-t-on, qu'une meute de moyenne vitesse.

On cite, il est vrai, maints piqueurs et
chasseurs à pied qui, avec une meute de
ce genre, trouvent moyen de se maintenir
au milieu de leurs chiens *presque* constamment, de les aider dans les défauts, etc.,
et il est établi même que ces intrépides
piétons prennent autant, ou peu s'en faut,
que ceux qui opèrent à cheval. Mon frère
Charles, qui a forcé, nombre d'années,
seul ou assisté d'un ou deux compagnons,
avec ses six à huit toutous de la Haute-
Saône, race Dubuisson de Vauvillers, briquets blanc orangé de moyenne vitesse,
avait résolu ce difficile problème ; mais il
dit à qui veut l'entendre que c'est là une
bien rude corvée, même pour un luron de
son espèce, qui ne se gênait point pour
partir d'Auxonne de grand matin et s'en
aller à pied, avec ses chiens, dans la même
journée, coucher à Vesoul (distance 80 kilomètres).

De pareils tours de force sont loin d'être
à la portée de la plupart des piqueurs et
veneurs ; si donc cependant, malgré leur
moindre résistance à la marche, ils veulent absolument forcer, nous leur indique-

rons la ressource des bassets à jambes
droites, et même au besoin des bassets à
jambes torses, mais en les prévenant que
l'hallali pourra bien longuement se faire
attendre, le lièvre, mené aussi doucement,
ayant alors des loisirs qui lui permettront
de se reposer, d'entasser ruses sur ruses
et de se forlonger à son aise.

La plupart des écrivains cynégétiques
prescrivent de faire quêter et chasser en
plaine les chiens, les jeunes surtout; ils
ne manquent pas d'excellentes raisons
pour justifier la préférence qu'ils donnent
aux champs sur les bois; mais nous en
avons *de péremptoires* pour ne pas suivre
leurs enseignements.

« Du Fouilloux reconnaît expressément
« que les chiens dressés en plaine ne
« chassent jamais aussi bien au bois,
« parce qu'il leur souviendra toujours de
« la plaine; que dès lors ils ne quêteront
« pas avec entrain au bois et tendront tou-
« jours à aller chercher les plaines et
« champs. Puis, ainsi que Gaston Phœ-
« bus, il recommande de dresser les
« chiens dans le pays où on doit se tenir
« pour la chasse. »

« Le lièvre, dit Le Coulteux, aime les
« pays où les bois, les plaines et les prai-
« ries s'entrecoupent fréquemment. Dans
« ces pays, il se tient ordinairement dans

« les bois depuis novembre jusqu'en mai,
« n'en sortant que le soir pour aller au
« gagnage, et il fait son séjour depuis
« mai jusqu'en novembre dans les
« champs, où, suivant la saison, il trouve
« une retraite tantôt dans les blés, tantôt
« dans les prairies artificielles, ensuite
« dans les champs de légumes et les
« terres labourées. »

La topographie de notre région de
chasse est fort bien décrite par Le Coulteux, mais, huit jours après l'ouverture,
nos plaines sont à peu près veuves de
lièvres, et le plus souvent on emploierait
toute une journée pour en mettre un sur
pied, et encore faudrait-il pour cela opérer à l'époque où la chute des feuilles, etc.,
en jette plusieurs hors du bois.

De plus, la chasse en plaine n'est gardée
nulle part, et, malgré la rareté du gibier,
les chasseurs fourmillent. On serait donc
à chaque instant dérangé par leurs chiens,
qu'il faudrait repousser souvent à coups
de fouet; de là peut-être des discussions
toujours dangereuses quand on est por-
teur d'armes à feu et qu'il n'est que sage
d'éviter.

Aussi avons-nous pour habitude de découpler les chiens à quelque distance du
bois, afin que, dans leur impatience, ils
n'abordent pas la lisière avec emporte-

ment; sans quoi on a lieu de craindre qu'ils ne dépassent immédiatement le but, et ne s'enfoncent sous les gaulis.

Le chasseur de lièvre doit en effet s'efforcer de maintenir ses toutous sur la lisière du bois, de telle sorte qu'ils fassent ce qu'on appelle *les bordures.*

C'est le plus sûr moyen de ne lancer que du lièvre, car cet animal, faisant habituellement sa nuit dans les terres cultivées, rentre d'ordinaire au bois pour se gîter lorsque l'aube paraît à l'horizon; or, en suivant la bordure du bois, pour peu que le temps soit favorable, les chiens ont bientôt mis le nez sur la rentrée.

En opérant ainsi par les bordures, le chasseur ne perd pas sa meute de vue un seul instant; il est à même de la diriger sans cesse, il peut sans crainte encourager les chiens qui sont dans *le droit*, et enfin corriger en toute assurance ceux qui commettent des fautes. Sans compter que c'est encore un moyen d'éviter les voies de renard, que les jeunes chiens suivent trop volontiers et qui leur gâtent le nez.

Nous ne saurions trop recommander ce genre de quête au chasseur soucieux d'avoir une bonne meute pour lièvre; qu'il veuille bien suivre nos conseils, et l'expérience ne tardera pas à lui en démontrer les avantages beaucoup mieux que nous ne pourrions le faire nous-même.

Le lecteur nous permettra sans doute ici de lui signaler parmi ces avantages celui qui se présente chaque fois et qui influe sur la chasse depuis le lancer jusqu'à l'hallali.

On dit *qu'un lièvre bien empaumé est généralement un lièvre bien chassé*. Rien n'est plus exact.

En effet, si on suit les bordures, comme nous le conseillons, les chiens ne se dispersent point; dès qu'une voie est signalée, ils se trouvent forcément rassemblés; ils se suivent pas à pas; les savants dirigent l'opération, les conscrits emboîtent, le rapprocher est correctement conduit, et alors, quand le lièvre bondit, la meute tout entière s'élance *comme un seul chien*, en faisant cette délicieuse musique que vous savez.

Cet ensemble dans l'attaque aura, nous le répétons encore, la plus grande influence sur la chasse; car, grâce à lui, vous n'aurez pas de chien distancé hurlant sur les derrières, pas de chien essoufflé ralliant avec emportement. Chacun est à son rang, l'orchestre est au complet, et il y a gros à parier qu'aucun des musiciens ne manquera à l'appel quand la bête de meute rendra le dernier soupir.

Règle générale, dans toute quête, les chiens doivent travailler *en avant* du piqueur, qui évitera de fouler les voies. Il faut aussi avoir bien soin de ne découpler la meute que lorsque la rosée est à peu près tombée, suivant le sage conseil que nous donne Gaston Phœbus, dans son chapitre cinquantième : « Et je loue fort « qu'on n'aille pas *trop matin* chasser, car « si on y va trop matin, les chiens assen- « tiront du lièvre qui s'en ira devant eux « de bon temps; mais, quand viendra le « haut jour, alors ils ne voudront point en « assentir parce qu'ils auront été accoutu- « més de chasser le matin. C'est donc une « très mauvaise coutume de mener les « chiens à la chasse trop matin, sauf en « été, par le grand chaud, et encore dans « ce dernier cas j'exigerais que le soleil « soit d'une toise au moins élevé au-des- « sus de l'horizon. »

Nous allons, maintenant que nous sommes muni de tous les bons principes de la vénerie, aborder l'étude de la chasse à tir et à pied.

Il va sans dire qu'ici, grâce à l'emploi du fusil, bien des fatigues seront singuliè- rement diminuées et que souvent la plu- part des longues courses se verront ou fort abrégées ou même supprimées presque entièrement ; néanmoins cela n'empêchera *pas toujours* certaines journées de mettre à une assez rude épreuve les forces et les jambes des veneurs.

Il est clair que pour chasser modestement, comme nous voulons le faire, point n'est besoin d'un nombreux équipage, et que nous fixerons le chiffre minimum de nos chiens à trois et le maximum à huit, nous basant sur ce qui se pratique partout à notre connaissance.

Repoussant les bassets comme trop lents, et laissant les chiens de grande taille exclusivement pour la chasse au forcer, nous n'admettrons dans notre petite meute que des briquets de quarante à cinquante centimètres de taille, dont le recrutement sera facile; « car, Dieu merci, « nous avons en France, un peu partout, « d'excellents chiens de pays qui chassent « adorablement bien le lièvre et qui même « chassent tout, comme le dit avec tant de « raison A. de La Rue. Nous citerons « notamment les briquets d'Artois, les « chiens légers des Vosges, des Arden-« nes, du Jura, de la Bourgogne et de la « Haute-Marne, aux environs de Chau-« mont. Il y faut ajouter, dans la Haute-« Saône, les jolis chiens du docteur Coil-« lot, qu'on a tant admiré à l'exposition « de 1873 et qui descendent des chiens de « lièvre de la gendarmerie de Lunéville,

« plus connus sous le nom de *chiens de*
« *porcelaine.* »

Nous aurons donc l'embarras du choix,
et il faut nous en féliciter bien vivement,
car plus le chiffre des chiens qui compo-
sent une meute est petit et plus on est
forcé, si on veut réussir, de se montrer
exigeant pour leurs qualités, chacun d'eux
devant pour ainsi dire travailler comme
quatre, afin d'annihiler les inconvénients,
vices et insuffisances, etc., dûs au nombre
exigu des acteurs.

Ainsi, comme il nous faut une musique
nourrie et qui s'entende d'assez loin, force
nous sera de ne prendre que des chiens
bien gorgés, *hurleurs ou à peu près,* tandis
que les cogneurs, *même à voix forte,* ne
feraient *qu'imparfaitement* notre affaire.

Dans un nombreux équipage, deux ou
trois clés de meute suffisent, et le restant
suit et crie de confiance; quant à nous, un
bon chien de tête est non-seulement indispensable pour diriger notre petite meute,
mais il nous faut encore que les autres
chiens travaillent eux-mêmes, soient plus
ou moins en état de lui venir en aide,
voire même capables au besoin de sup-
pléer à son absence. Nous ne pouvons
donc admettre dans notre modeste équipage que des chiens *qui vaillent quelque
chose,* et nous rejeterons impitoyablement

tous ceux qui ne valent que pour suivre
et faire de la musique. On le voit, dès lors
bien clairement, ce sont autant dire trois
ou quatre clés de meute que nous devons
recruter pour pouvoir chasser avec fruit,
sans oublier que les cinq chiens (chiffre
habituel qu'on ne dépasse guère de nos
côtés) doivent encore être rigoureusement
de même pied.

Les chasseurs qui viendraient à trouver
excessives nos exigences pourraient bien,
s'ils venaient certains jours au bois avec
nous, alors que le terrain est mauvais pour
les chiens (ce qui n'arrive, hélas! que trop
souvent) et que cependant on s'entête à
vouloir lancer, finir par rabattre de leur
blâme et reconnaître franchement avec
nous que trois ou quatre bons chiens
valent mieux qu'un seul, quelque parfait
d'ailleurs qu'il puisse être.

« Le premier soin du chasseur de lièvre
« en s'éveillant, nous l'avons déjà dit, est
« de consulter le vent, de tenir compte
« de la température, suivant la saison.

« Lorsque la voie est mauvaise, rentrez
« au logis; vous la jugerez telle à leur
« manière de chasser, en voyant les
« chiens faire de nombreux retours, met-
« tre la tête à la queue, muser, pisser et
« se rouler à tout propos, lever le nez en
« l'air, etc. »

L'adresse au tir est une bonne chose, mais elle ne suffit pas; pour la manifester souvent, il faut y joindre l'entente de la chasse, qui est chose bien plus rare; car si le bon veneur tue fréquemment, il doit ses succès non pas *à la chance*, comme d'aucuns le croient, mais bien à sa science profonde.

« Lorsque la menée marche bien, il « n'est pas rare qu'une pièce de gibier, un « chevreuil, un lièvre, un lapin, parfois « un renard, fuyant d'effroi au bruit des « chiens, vienne passer sous le fusil d'un « chasseur; doit-il tirer? Oui, quand la « meute n'entendra pas la détonation, qui « la ferait accourir et abandonner son « lièvre; autrement il faut s'abstenir, sous « peine, dit avec raison A. de La Rue, de « transformer en rosses les meilleurs « chiens. »

Posez en principe absolu que votre petite meute ne doit jamais chasser que le lièvre; cela vous permettra de ne céder que très rarement aux pressantes instances que vos compagnons ne sauraient manquer de vous faire pour attaquer un chevreuil, ce qui n'est que demi-mal, mais encore un sanglier et même un renard, les jours où le terrain est mauvais.

« Beaucoup de chasseurs ont l'habitude

« d'appeler, par des cris et de la corne,
« les chiens pour les mettre sur la voie de
« l'animal qu'ils viennent de manquer;
« c'est une grosse faute qui a pour consé-
« quence d'enlever les chiens et de les
« habituer à tout quitter pour accourir au
« coup de fusil; le plus souvent ils s'em-
« portent sur la voie plus ou moins fou-
« lée qu'on leur indique en gesticulant et
« criant, puis ils balancent, hésitent, et on
« perd du temps au lieu d'en gagner, et on
« y perd encore que les chiens ne sont
« plus, comme ils le doivent, collés fer-
« mement à la voie. Le praticien con-
« sommé, en pareil cas, ne bouge pas;
« il attend, observe, et c'est tout au plus
« si, à leur passage, il adresse au chien
« de tête et à ses collaborateurs un petit
« mot d'encouragement. S'il a tué le liè-
« vre, il fait de même [1], les laisse jouir
« un instant sur la victime et lécher le
« sang, etc., puis il fait la petite curée, »
dont nous donnerons plus loin tous les
minutieux et économiques détails.

« *Trop parler nuit.* » C'est en chasse surtout que ce proverbe paraît juste.

Il est des chasseurs pour lesquels le

---

[1] Il est bon cependant de corner alors l'hallali pour
aviser et rallier les autres chasseurs, mais toujours
avec grande sobriété, bien entendu.

silence est impossible; fuyons-les comme
la peste'

Par leurs causeries bruyantes et sans
fin, ils troublent les chiens et détournent
le gibier; ils font parfois un tel bruit qu'on
a peine à suivre la chasse. Si donc, ami
lecteur, vous désirez ne point la perdre, si
vous tenez à conserver toutes les chances
de faire feu, laissez ces bavards à leurs
discours intempestifs et, si toutefois vous
renoncez à leur imposer silence, n'hésitez
pas à vous éloigner d'eux.

Ces vraies commères n'ignorent cependant
point qu'une conversation continue, même
à mi-voix, s'entend fort loin dans le couvert; mais la manie de parler les domine
à un tel degré qu'elle leur fait oublier tout
le reste. Et dire cependant, comme la
vérité nous en fait une loi, qu'on rencontre
quelques bons veneurs parmi ces sempi-
ternels bavards!

Au moment du lancer, plus l'enceinte
que foulent le piqueur et la meute est
petite, plus sont grandes, pour les tireurs
qui la bordent, les chances de faire feu,
par la raison bien simple qu'ils se trouvent
alors d'autant plus rapprochés les uns des
autres que le buisson est moins étendu, et
qu'il devient par suite à peu près impossible à l'animal de passer *impunément* entre
deux fusils aussi voisins l'un de l'autre.

En pareil cas, au lieu de bavarder, que les amateurs du tir à outrance resserrent donc autant que possible l'enceinte, et le succès les récompensera de leur intelligente manœuvre. C'est du reste ce qui explique pourquoi les piqueurs, *dont le métier est de serrer toujours la meute de près,* rencontrent si fréquemment l'occasion de faire feu.

Le lièvre chassé suit volontiers les chemins, les sentiers, les grandes et les petites lignes ou les charrières dans les cas que voici : Lorsque le bois est chargé de rosée ou d'eau de pluie ; lorsque les feuilles desséchées font du bruit sous ses pas, et enfin lorsqu'il veut dépister les chiens en foulant la poussière d'une route.

Un lièvre vient-il à vous en suivant un chemin! Restez complètement immobile, épaulez avec lenteur, évitez tout mouvement brusque, et, si votre costume n'est pas d'une couleur éclatante, vous verrez le pauvre animal continuer sa course sans défiance jusque sous les canons de votre fusil. Venant ainsi *en pointe*, il offre peu de surface; vous ne devrez donc le tirer qu'à courte distance et, ajouterons-nous, toujours plutôt bas que haut.

Grâce à ces conseils, ainsi qu'à ceux que nous vous avons déjà donnés ailleurs, pour peu que vous possédiez l'entente de la chasse, il vous sera facile de faire parler

la poudre et, si vous tirez droit, de satis-
faire votre désir de tuer; mais, morbleu!
n'abusez pas et modérez votre rage lépo-
ricide, qui ressemble un peu trop à une
passion effrénée pour le civet et le rôti,
sans quoi vous vous exposeriez à recevoir
en pleine poitrine quelques sanglantes
boutades dans le genre de celle que nous
allons vous répéter : Un certain Remon-
dey, garde du marquis de Foudras, à
Demigny (Saône-et-Loire), était tellement
empoigné par la rage aveugle du meurtre,
qu'il lui était devenu impossible de ne pas
tirer sur tout gibier qui se trouvait à portée. Le Nestor des piqueurs bourguignons,
Denis, le gourmandait sans cesse, mais
sans succès, sur ce malheureux penchant
au massacre; enfin un jour, dans un moment de vive impatience, devant plus de
vingt personnes, il lui décocha ce terrible
sarcasme : « *Mon pauvre ami, si ta mère*
« *avait été une hase, il y a longtemps que tu*
« *serais mort sur l'échafaud!* »

Il n'est pas de rose sans épines .

Ce proverbe, comme nous allons le voir,
est plus vrai pour la chasse aux chiens
courants que pour la plus belle des fleurs.
Les chasseurs savent tous par expé-

rience que, si un chien étranger vient à
prendre la voie en avant et à poursuivre
le lièvre de chasse *(à vue le plus souvent)*, la
meute dégoûtée ne tarde point à mettre
bas.

La fréquence de ce déboire constitue
une gêne sérieuse pour l'amateur de
chasse; elle est due à la quantité innom-
brable des chiens d'arrêt et des corneaux
qui foisonnent aujourd'hui dans les cam-
pagnes, au grand dommage du gibier de
toute sorte, plume et poil.

D'autre part, cependant, nul veneur
n'ignore qu'une meute chasse assez volontiers *en dessous* d'une autre meute qui lui
est étrangère, alors même que les aboie-
ments de cette dernière ne lui parviennent
point.

Pour expliquer et concilier ces faits
quelque peu contradictoires, on est obligé
d'admettre que le chien courant sait distinguer la trace d'un confrère de celle
d'un chien d'arrêt ou d'un corneau; qu'il
a l'espoir de rejoindre le premier, obéis-
sant en cela à son instinct, qui est de
s'ameuter; tandis qu'il devine que le mâtin, qui foule la voie d'un pied rapide, ne
lui laissera point le loisir de le rejoindre.

Étant très exposé à ces incidents, qui
sont toujours regrettables, nous avons dû
étudier les moyens d'y obvier, et voici

comment, plus d'une fois, nous avons pu
surmonter cette grave difficulté.

Dès que nous avons acquis la preuve
qu'un chien étranger est survenu, nous
nous empressons de rallier les chiens;
nous les appuyons fortement, en suivant
la voie et en nous efforçant de vaincre leur
répugnance : nos braves toutous ne tar-
dent pas à reprendre courage; ils suivent
le pas *à la muette* et s'avancent lentement.
C'est alors qu'il faut redoubler de patience
et de ténacité; car le lièvre a pris beaucoup d'avance, puis, se sentant surmené
par le mâtin qui lui soufflait le poil, il a dû
faire crochet sur crochet, se rasant quelquefois, revenant sur ses voies et faisant
en résumé tout ce qu'il est permis à un
honnête animal d'essayer, en pareil cas,
pour se débarrasser d'un ennemi doué
d'un jarret d'acier et qui, sans aboyer et
sans dire gare, arrive comme un ouragan.

Après avoir dépisté le mâtin par des
ruses qui lui sont familières, le lièvre,
loin de se forlonger, s'empressera de se
raser en un endroit favorable. Si donc
vous avez pu maintenir vos chiens dans
la voie et parvenir à ce point de remise, la
meute ne tardera guère à relever l'animal,
dont la chasse reprendra alors dans de
bonnes conditions. Mais, disons-le bien
haut, pour réussir en pareil cas, il faut

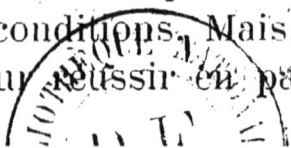

7

pouvoir absolument compter sur l'obéissance passive des chiens.

Dans une seule journée de chasse, en
novembre 1878, il nous est arrivé, non
sans peine, de relever ainsi, à trois reprises différentes, un lièvre lancé par notre
petite meute et que le même chien de
ferme nous avait fait perdre autant de
fois.

Avant de clore ce chapitre, nous croyons
devoir donner quelques conseils, non pas
aux vieux praticiens expérimentés qui en
savent plus long que nous, mais bien aux
jeunes disciples de saint Hubert.

« La connaissance des ruses du lièvre,
« qui varient à l'infini, ne s'acquiert que
« par la pratique; le veneur désireux de
« s'instruire apprendra beaucoup de cho-
« ses en allant, le matin, se promener par
« une bonne neige tombée la veille au
« soir (1); je ne connais pas de livre plus
« intéressant à lire. Cette étude attentive
« vous mettra en état de déjouer toutes
« les ruses de l'animal.

« N'abusez pas de la trompe et même
« aussi de la corne; ne sonnez qu'à pro-
« pos et tout juste le nécessaire. L'animal

(1) Mieux vaudrait, selon nous, différer cette étude
de vingt-quatre heures, c'est-à-dire la remettre au
surlendemain de la chute de la neige, les animaux ne
bougeant point la première nuit.

« vient-il à passer près de vous, attendez
« qu'il soit assez loin pour sonner la vue;
« si vous sonniez sur son dos, vous l'ef-
« frayeriez, vous lui feriez peut-être faire
« un crochet ou doubler ses voies; enfin
« la peur produirait sur lui un refroidis-
« sement, un changement d'odeur qui met
« toujours les chiens dans l'embarras et
« les rend hésitants; ils balancent alors
« avant de reprendre la voie.

« On ne peut guère chasser avant la
« mi-septembre, encore faut-il attendre
« que les plantes odoriférantes ne sentent
« plus rien et que la terre ait repris sa fraî-
« cheur. A cette époque de l'année, le liè-
« vre, en passant dans les chaumes et les
« regains *(comme dans le bois,* ajouterons-
« nous), laisse des portées; on a de plus
« l'avantage de trouver de grands levrauts
« faciles à prendre, ce qui fournit d'utiles
« occasions de donner de bonnes leçons
« aux jeunes chiens.

« Autant que possible, il faut éviter de
« donner aux chiens le lièvre à vue; ils
« s'emportent, chassent à l'œil, sans goû-
« ter la voie, et puis, quand ils ne l'aper-
« çoivent plus et qu'ils sont obligés de
« mettre le nez à terre, il s'en suit presque
« toujours un long défaut. Si donc vous
« en voyez un sortir du gîte ou d'ailleurs,
« conduisez doucement la meute sur sa

« piste, qu'ils empaumeront bien et avec
« sagesse.

« Ne ménagez rien pour tenir vos chiens
« en bon état; quatre chiens bien nourris
« valent mieux que vingt qui manquent
« de fond et de vigueur.

« Dans tous les cas, croyez-le bien,
« vous ne prendrez que par hasard, si
« vous n'avez pas au moins un chien con-
« naissant bien les ruses du lièvre, ne
« comptant pas avec ses peines pour aller
« mettre le nez aux brèches des murs, aux
« coulées dans les haies, pour fouiller les
« ronciers, pour regarder sous les pon-
« ceaux, pour visiter les jardins et faire
« surtout bien les routes. Sans ce Nestor,
« un lièvre forlongé sur un chemin pier-
« reux est un lièvre manqué. » (A. de La
Rue.)

Dans un bois vif en lièvres, ne foulez
jamais l'enceinte *qu'à la dernière extrémité,*
par crainte du change, c'est-à-dire qu'a-
près avoir employé en vain toute votre
science pour relever le défaut et quand
inutilement les chiens y auront dépensé
toute leur intelligence. Si le cas s'impose
impérieusement à vous parce que c'est le
seul et unique moyen qui vous reste, il est
alors de la plus haute importance de procéder avec minutie, soin et méthode à cette
délicate opération : 1° parce qu'il est humi-

liant de revenir *bredouille;* 2° parce qu'en principe, jamais on ne doit donner un second lièvre à courre aux chiens quand ils ont manqué le premier; 3° parce qu'en remettant la bête sur pied, ils sont contents, profitent de la leçon, s'en souviennent plus tard et n'en deviennent que meilleurs ; 4° parce qu'enfin, dans un relancer, les chiens chassent avec beaucoup plus d'ardeur et quelquefois même poussent si fort le lièvre qu'ils ne lui laissent pas le loisir de ruser.

Dans nos régions si pauvres en gibier, le change malheureusement n'est guère à craindre; aussi n'hésitons-nous jamais à fouler quand tous les autres moyens de relever le défaut ont été épuisés.

Il peut arriver que des chasseurs, même très expérimentés, perdent la chasse, notamment quand le vent est élevé; qu'ils se souviennent alors de ce passage de Le Verrier, que nous transcrivons textuellement, car il est impossible de dire mieux et plus simplement. « Défiez vous de la « fuite du lièvre de passage, autrement « vous perdrez la chasse et on se moquera « de vous. Si cet accident vous arrive, « piquez toujours *le vent au dos,* en écou- « tant de temps en temps ; c'est le seul « moyen de la retrouver. »

Nous ajouterons qu'il ne faut pas craindre de se renseigner auprès des gens que l'on rencontre, tout en contrôlant autant que possible la vérité de leurs indications. Il ne faut pas non plus négliger les renseignements que le sol peut fournir : la meute en effet laisse des traces de son passage si le terrain est favorable, et ces marques vous seront précieuses, en ce sens qu'elles vous indiqueront la direction de la chasse.

Lorsqu'un défaut survient dans un lieu couvert ou boisé, nous avons une habitude que nous ne saurions trop vous recommander, c'est de nous arrêter dans l'endroit même où les chiens perdent la voie; et, tandis qu'ils font l'enceinte avec le piqueur, nous formons le centre et nous leur tenons lieu de guidon, de point de repaire autour duquel ils tournent. Il importe en effet de ne point perdre *l'endroit même du défaut*, afin d'y ramener les chiens s'ils ne parviennent pas à relever la voie, car enfin il peut se faire que le lièvre soit dans l'enceinte; sans cette précaution, le piqueur, en s'éloignant, serait fort exposé à perdre l'endroit et à ne plus pouvoir dès lors y ramener les chiens.

N'oubliez pas, pour vous comme pour votre meute, d'emporter un flacon d'alcali en cas de morsure de vipère ou de piqûre d'insectes venimeux; ayez encore des petites pinces pour extraire les épines, etc., qui se logent dans les pattes des chiens et ailleurs chez les gens; puis, en prévision de la curée dont nous allons vous entretenir, soyez muni d'un couteau pointu et bien tranchant, de bonnes et fortes aiguilles et de fil solide; enfin ayez toujours quelques morceaux de pain dans votre carnier ou dans vos poches.

Lorsqu'un lièvre est tué, le chasseur, après avoir sonné l'hallali, doit : 1° désarmer son fusil, le décharger même pour plus de sûreté et le suspendre, s'il est possible, à une branche d'arbre; 2° mettre le fouet en main, chaque veneur devant toujours en porter un en sautoir; 3° attendre l'arrivée de ses compagnons et de la meute *à l'endroit même* où le lièvre est tombé mort; 4° tenir les chiens en respect, afin que, s'ils foulent l'animal, du moins ils ne le déchirent pas; 5° coupler séparément les chiens hargneux et jaloux qui sont disposés à mordre les jeunes; 6° faire pisser soigneusement l'animal; opération délicate qui doit être tentée à plusieurs reprises jusqu'à succès complet, car il arrive fréquemment qu'on échoue dans cette entreprise lorsque le lièvre est encore chaud. La présence de l'urine dans l'intérieur du corps donne à cette chair si fine une odeur très désagréable; il faut donc obvier à cet inconvénient : en pressant légèrement le haut de l'abdomen du lièvre, que vous ayez soin de tenir suspendu par les pieds de devant, et en faisant glisser la main jusqu'au bas du ventre, la vessie est bientôt vidée et on n'a plus d'infection à craindre.

Après cela on procède à la curée de deux façons diverses, soit qu'on abandonne le lièvre tout entier aux chiens, soit qu'on se contente de leur livrer la ventraille.

Dans le premier cas, on déshabille l'animal, afin de n'en pas laisser manger le poil, qui est nuisible et indigeste, et on fait autant de parts qu'on a de toutous.

Si on préfère opérer de l'autre façon, il faut pratiquer en long une ouverture dans l'abdomen, par le milieu du ventre, qui puisse permettre au piqueur de saisir, entre le pouce et les deux premiers doigts, et d'arracher l'estomac et de vider complètement la poche intestinale; on doit veiller alors à ce que les boyaux ne se dégorgent pas à l'intérieur et que le sang ne se perde point.

Cela fait, on trempe des morceaux de pain dans le sang qui coule des blessures, on les agrémente avec les dedans et puis on fait le partage entre les chiens, en tenant la main à ce que les jeunes et les plus timides ne soient pas frustrés de leur

droit [1]. Enfin, à l'aide d'une aiguillée de fil
dont le veneur, pour maintes raisons, doit
toujours être pourvu, on recoud *la peau et le
péritoine tout à la fois,* afin d'éviter l'effusion
du sang, liquide indispensable pour faire
un bon civet et pour confectionner avec
succès la fameuse sauce au verjus qui
accompagne invariablement le râble rôti.

Dans le cas fâcheux où en route tout le
sang viendrait à se perdre, ne vous déso-
lez pas trop ! car nous vous dirons en con-
fidence que celui d'un poulet, d'un canard
ou d'un dinde peut le remplacer sans trop
de désavantage.

Pendant que nous causons cuisine, c'est
bien le cas ou jamais de vous apprendre
qu'avec une cuillerée à bouche (pour trois
œufs) de sang de lièvre ou de chevreuil, on
peut se procurer une délicieuse omelette.

---

(1) Jean du Bec indique un autre genre de curée
dont nous n'avons pas fait l'expérience, et que voici :
« Il y a encore une sorte de curée qui met les chiens
« bien à la chair ; mais elle donne un peu de peine ; c'est
« de faire rôtir le lièvre et de leur bailler chaud ; il n'y
« en a point une meilleure que celle-là de laquelle les
« chiens se souviennent davantage et leur fasse
« trouver la chair du lièvre plus friande.
« Le chien courant, entre tous les chiens, chasse
« pour manger, tellement que, lorsque les chiens sont
« bien à la chair, il n'y a pas de lièvre si difficile à forcer
« qu'il leur soit impossible de prendre. Voilà comment
« bien faire la curée aux chiens est un des actes prin-
« cipaux du chasseur de lièvre. »

Mais assez de recettes culinaires, et passons aux sonneries conventionnelles.

Signaux pour la corne de chasse

L'auteur de l'*Antagonie du Chien et du Lièvre* dit quelque part :

« A la chasse du lièvre, toutes les son-
« neries ne servent pas beaucoup; pour
« moi, je voudrais chasser un lièvre sans
« criailler, et laisser faire mes chiens sans
« huailler comme font aucuns. »

Jean du Bec a cent mille fois raison; car c'est une bien mauvaise habitude qu'ont certains chasseurs de criailler, de huailler et de sonner *à tous propos;* mais, à notre avis, il se trompe lorsqu'il prétend que les sonneries ne servent pas beaucoup.

Nous estimons, au contraire, que des sonneries *bien ordonnées,* faites *à propos* et *modérément,* sont de la plus grande utilité, ne fut-ce que pour éviter le tapage et les cris justement réprouvés par tous les vrais chasseurs de lièvre; mais cet avantage fort prisé par nous n'est pas le seul, et nous allons en faire toucher du doigt un autre qui ne laisse pas que d'avoir bien plus d'importance. Si Jean du Bec a si fort méprisé les sonneries, ne serait-ce pas parce qu'étant constamment à cheval ainsi que ses compagnons il pouvait aisément suivre la chasse et serrer les chiens de près, sans avoir à compter avec la lassitude ; or aujourd'hui on chasse généralement à pied, on n'a plus que deux jambes au lieu de quatre, et on doit regarder à la fatigue de la marche ; il faut donc savoir grand gré aux sonneries qui peuvent, en bien des circonstances, nous épargner des courses inutiles et, chose plus importante, diminuer singulièrement nos chances de perdre la chasse.

Depuis près d'un demi-siècle, des signaux convenus pour cornet de chasse sont en usage dans nos régions, et nous ne croyons pas pouvoir mieux faire que de mettre sous les yeux du lecteur le *fac-simile* des cartes dont chacun de nos chasseurs est pourvu, persuadé qu'en répandant l'usage si commode et si simple de ces sonneries nous rendrons service à nos confrères, qui du reste pourront les modifier dans le sens de leurs besoins.

Ces cartes, sur carton mince ou sur parchemin, imprimées au recto et au verso, ont, marge comprise, douze centimètres de longueur sur neuf de large ; rien n'est donc plus facile que de les loger dans le carnier ou même dans une poche. Ces dimensions pourraient même être réduites à 0m10 sur 0m07.

SIGNAUX POUR LA CORNE DE CHASSE

La Vue { Le Lièvre	▬
Le Renard (**Blaireau**) (**haret**).	▬ , ▬
Le Chevreuil	▬ , ▬ , ▬
Le Sanglier	▬ , ▬ , ▬ , ▬
Le Loup	▬ , ▬ , ▬ , ▬ , ▬
Sortie de l'enceinte. — La vue, plus . . .	● , ●
Rentrée dans l'enceinte. — L'inverse. . .	————————
Sortie en plaine. — La vue, plus	● , ● , ●
Rentrée au bois. — L'inverse	————————
Celui qui tient la tête de la chasse appelle de temps en temps ses compagnons par . .	(●●, ● ●, ● ●) *bis.*
Le perdu, ou pour interroger ou pour dire qu'on entend. . . . . }	●●, ●●, ●●

L'hallali. — La vue suivie d'un ban . . .	(▬ ; ●●, ● ●) *ter.*
A l'appel des chiens	●●●, ●●●, ●●●
Chaque chasseur sonne autant de ▬ qu'il a de chiens.	
Pour réunir les chasseurs ou pour la retraite.	(●●●, ●●●, ●●●) *ter.*

OBSERVATIONS

Entre chaque phrase, c'est-à-dire à chaque virgule, il faut marquer le temps d'arrêt en reprenant la respiration.

Pour se faire entendre distinctement, il faut prolonger les signes **longs** (▬) *et donner un fort coup de langue sur les signes* **brefs** (●).

Toute sonnerie doit être répétée au bout de dix secondes.

La dernière des observations du verso,
« *Toute sonnerie doit être répétée au bout de
dix secondes,* » mérite d'être rigoureusement suivie; car souvent, soit qu'on marche, soit qu'un bruit se produise dans le
voisinage, on est surpris par la première
sonnerie, on l'entend mal; mais on sait
que la répétition réglementaire ne tardera
pas, et, en effet, elle vient bientôt vous
édifier sur ce qui se passe..... à moins que
l'avertisseur n'oublie la consigne!

VII

CHASSE DU LIÈVRE EN PLAINE

———

Il n'y a guère en France de lièvres vivant en fin fond de forêt; presque tous habitent également la plaine et le bois; cependant, depuis septembre et jusqu'à la mi-octobre, ils se tiennent de préférence dans les champs par les beaux jours.

A cette époque, si le temps est couvert et sombre, il faut chercher le lièvre dans les terres fraîchement labourées, dans les betteraves, dans les chaumes, dans les semailles et les grosses cultures; mais, s'il fait très chaud, vous ne le trouverez que dans les luzernes, les sainfoins, les trèfles, les maïs et haricots, les grands chaumes, les hautes herbes et sur le bord des vignes.

Vers la fin d'octobre, lorsque les glands et les feuilles tombent des arbres, le lièvre, inquiété par le bruit, déserte le bois pour se gîter sur les bordures de la plaine. Par

le grand vent, battez avec soin les buissons, les haies, les carrières, les revers de
fossés, et vous ne manquerez pas d'obtenir la récompense de vos peines. Après
une tempête de nuit, le lièvre, moulu de
fatigue, tient ferme le gîte, et vous ne le
déciderez à partir qu'en vous arrêtant de
temps à autre, qu'en frappant du pied et
qu'en battant avec force les ronciers et les
buissons.

L'hiver, par les vents du nord et de l'est,
quand le froid se fait sentir, le lièvre se
tient au bois. Ne perdez donc pas votre
temps à le chasser en plaine.

Ne faites jamais, autant que possible,
quêter votre chien qu'à bon vent, d'abord
parce qu'il sentira le gibier plus aisément
et ensuite parce que vous pourrez davantage vous en approcher sans être entendu.

Le lièvre tient ferme sous l'arrêt du
chien, et, lorsqu'il part, il s'élance avec
beaucoup de vitesse, ce qui engage les
jeunes chasseurs à tirer précipitamment,
défaut dont il est essentiel de se corriger.

A moins qu'il ne fasse bien chaud, il
est fort rare de faire partir à *portée* deux
fois de suite le même lièvre, parce qu'à la
seconde recherche, comme il se tient sur
ses gardes, il ne se laisse pas suffisamment approcher.

Quand le lièvre part et qu'il semble

manqué, le chien d'arrêt doit-il attendre
le commandement du tireur pour se mettre à sa poursuite? Avant de répondre,
nous nous demanderons s'il est beaucoup
de couchants qui attendent la permission
de pousser l'animal, et, comme nous savons qu'on n'en trouvera peut-être pas un
sur mille, nous laisserons résoudre le problème posé par qui aura le loisir de philo-
sopher sur des exceptions. Ce qu'il y a là-
dedans de plus certain, c'est qu'assez souvent votre chien, qui a poursuivi *d'instinct*
et sans attendre un ordre, vous rapportera,
au bout d'un temps plus ou moins long,
l'animal que vous croyiez bien ne pas
avoir touché.

Le tir du lièvre peut en septembre se
faire fructueusement avec du plomb n° 6;
mais plus tard c'est le n° 4 qui devra être
employé.

Si l'animal passe à portée (vingt-huit
à trente-six mètres) convenable, en travers ou en demi-travers, il est facile à
abattre, parce qu'alors le plomb pénètre
mieux. Suivez bien le gibier en pressant
la détente, et n'écoutez pas ceux qui vous
conseillent de tirer *en avant;* visez du reste
à la tête si vous en avez le loisir.

Tirer en cul un lièvre, dont le derrière
est un vrai sac à plomb, nous semble un
coup perdu, s'il ne frappe pas entre les

deux oreilles ou à la nuque; ajustez donc avec soin et un peu haut.

Quant au tir en tête, visez aux griffes de devant, mais soyez prêt à redoubler ensuite en travers.

Ne tirez *jamais* un lièvre au gîte et n'écoutez pas certains professeurs lorsqu'ils vous y engageront sous prétexte de donner une bonne leçon à votre jeune chien, qui l'arrête; car c'est lui enseigner à bourrer, juste tout le contraire de ce qu'il faut.

On sait que, lorsqu'un lièvre est au gîte, ce qu'on aperçoit ordinairement d'abord, c'est son œil, le restant de l'animal étant couleur de terre et se confondant par suite avec le sol, tandis que sa prunelle brillante attire le regard. Nous avons toujours entendu dire que, tant que les yeux du chasseur et de la bête ne se rencontraient pas, celle-ci ne bougeait point, mais que, dans le cas contraire, elle s'empressait de détaler. Nous laisserons à de plus savants que nous le soin de prononcer sur cette question, aucune expérience ne nous ayant mis à même de nous faire une opinion là-dessus.

On chasse encore le lièvre sans chien couchant, mais alors c'est à force de battre le terrain et grâce à des renseignements, observations, remarques de pas, etc., qu'on trouve l'occasion de tirer.

L'heure la plus favorable dure depuis le lever du soleil jusqu'à deux heures après. C'est le moment où les lièvres viennent de se gîter; et, avec un peu d'attention, en regardant autour de soi, pour peu que la vue soit bonne, on peut aisément les apercevoir au gîte.

Lorsque le temps est serein, par une belle gelée d'hiver, en se promenant dans la plaine, ayant le soleil en face, on peut, à une grande distance, découvrir le gîte d'un lièvre, grâce à la vapeur légère qui s'élève au-dessus. Cette vapeur, produite par la chaleur de l'animal, est d'autant plus sensible qu'il y a moins de temps qu'il est gîté et qu'il s'est plus échauffé en courant.

Quelque soient la manière et la distance dont on a réussi à voir un lièvre au gîte, il est indispensable de s'en approcher avec précaution, sans marcher droit dessus, mais bien en le tournant plusieurs fois, autrement on le ferait lever avant d'être à portée.

Lorsque les plaines sont couvertes et qu'il n'est plus possible de les parcourir en tous sens sans endommager les récoltes, on peut encore tirer quelques lièvres en s'y prenant comme nous allons le dire :

il faut être deux; chacun des chasseurs longe un champ de blé d'un côté, en examinant attentivement dans les sillons s'il n'aperçoit pas un lièvre. S'il en voit un, il tâche d'en approcher; mais si l'animal l'évente et fuit, il prévient son camarade par un signal convenu, afin qu'il se tienne sur ses gardes.

Le lièvre, s'il n'est pas poursuivi, suivra, en se sauvant, le sillon où il se trouve et ira passer à portée du second chasseur.

Cette chasse peut se faire en avril et mai, le matin jusqu'à huit ou neuf heures, et le soir depuis deux heures avant le coucher du soleil jusqu'à la nuit.

Certains maraudeurs, doués d'une seconde vue plus perçante que celle de l'oiseau de proie, découvrent un lièvre au gîte à plus de 500 pas, dans une plaine qu'ils ont l'habitude de parcourir, s'en approchent en le contournant, le joignent, le saisissent à la main ou le tuent d'un coup de talon sur la nuque. Ces gens-là sont pour une contrée de si grands dévastateurs, qu'ils ont fait croire maintes fois à la réalité d'une épidémie sévissant sur ces animaux.

VIII

CHASSES AUX LÉVRIERS
A CHEVAL SANS CHIENS ET A L'OISEAU

La destination des lévriers est de prendre à la course le lièvre, le lapin, le renard, le chevreuil, et d'arrêter le loup. Les qualités nécessaires à cet effet sont une bonne vue, de la vitesse, de l'adresse à bien saisir l'animal qu'ils courrent, de la docilité et l'habitude de se laisser conduire en couple, soit que le veneur aille à pied ou à cheval.

On leur enseigne à marcher couplés et à être obéissants au moyen de quelques corrections données à propos.

Comme l'instinct de ces chiens est de courir les lièvres pour leur propre compte, on doit, tout en s'attachant à développer leurs dispositions, les habituer aussi à ne point en faire leur proie; il faut donc essayer de leur apprendre à rapporter, et, malgré leur peu d'intelligence, en général on y parvient à force de soins et de patience.

On réserve plus particulièrement les lévriers de moyenne taille pour courir le lièvre; mais cette chasse ne peut avoir lieu qu'en plaine, car si le lièvre peut se jeter dans un endroit couvert avant d'être atteint par le chien, celui-ci l'abandonne dès qu'il cesse de le voir.

Pour terminer sur le terrain et fortifier le dressage des jeunes lévriers, qu'on ne fait jamais courir qu'après quinze mois, voici comment on procède : on prend deux vieux lévriers et un jeune, ou bien un vieux et deux jeunes, que l'on conduit couplés dans une plaine où il y a du lièvre. Lorsqu'il en part un, on excite les chiens à sa poursuite, en leur criant : *Tayau! tayau!* Il faut les lancer de très près, à cinquante ou soixante pas, afin d'être bien sûr qu'ils ne manqueront point l'animal. Lorsqu'il est pris, on tâche d'arriver assez à temps pour le leur retirer encore intact, en ayant soin de faire claquer de loin quelques coups de fouet qui les contiennent. On les remet en laisse et on leur donne ensuite les entrailles et la fressure du lièvre, en les flattant de la main, puis on les reconduit au logis.

Dans la suite, on peut leur faire prendre

deux et jusqu'à trois lièvres; mais, dans les commencements, on doit les ménager, de peur de leur faire faire des chasses infructueuses et de les trop fatiguer inutilement.

Le lévrier est tellement ardent pour ce genre de chasse, qu'il est toujours prêt à s'élancer à la poursuite d'un lièvre dès qu'il le voit. Il ne faut jamais souffrir qu'aussitôt après une course les lévriers boivent et mangent beaucoup; lorsqu'ils ont fait une poursuite excessive qui les a mis hors d'haleine, il est bon de leur jeter une couverture sur le dos jusqu'à ce que leurs sens se remettent. Cette précaution vaut mieux que celle qui consiste à leur faire prendre tout de suite une charge de poudre; je n'y ai pas plus foi qu'à la méthode curative de quelques vieux chasseurs qui, dans ce cas, saisissent les chiens par la poitrine, les soulèvent et les secouent fortement afin, disent-ils, de faire sortir le sang du ventricule.

Bien que *seuls*, beaucoup de lévriers prennent fort bien leur lièvre; il est généralement d'usage d'en lancer deux et même quatre à la fois sur le même animal; mais on doit tenir ce dernier chiffre pour un maximum.

On ne pratique cette chasse avec succès que dans les grandes plaines, et seulement alors qu'elles sont dépouillées de leurs récoltes.

· Elle se fait d'ordinaire à cheval; les cavaliers marchent à une distance convenable, et non trop grande, les uns des autres, sur une ligne droite, et, lorsque cela est possible, sur une ligne oblique, dans les sillons des champs; et quand un lièvre vient à débouler, celui qui tient les lévriers en laisse les lâche aussitôt aux trousses de l'animal.

· Lorsqu'il se trouve un bois isolé dans la plaine, on peut placer autour de ce bois les chasseurs chargés des lévriers, afin de courir en plaine les lièvres, renards et chevreuils qui viendraient à débucher, mis sur pied par des traqueurs ou lancés par quelques chiens courants.

Il va sans dire que, fatigue à part, rien ne s'oppose à ce qu'on pratique à pied cette chasse, qui est des plus amusantes, mais qui aujourd'hui n'est plus permise en France.

La chasse à cheval, sans chiens, est fort agréable pour les amateurs de grandes courses. Deux ou plusieurs chasseurs à cheval, bien montés, se rendent dans une grande plaine unie, lorsque les récoltes sont enlevées, pour courir un lièvre.

Quand le lièvre part, l'un des cavaliers

se lance à sa poursuite et les autres cherchent à le tourner et à le couper de quelque côté qu'il se dirige.

Lorsque l'animal, après avoir couru environ deux à trois kilomètres, ne peut plus
aller et qu'il se rase, on va au pas autour de
lui pendant l'espace de cinq à six minutes.
Ce repos le laisse dans un tel état de lassitude et d'épuisement, qu'on peut le tuer
à coups de fouet ou le prendre à la main.

Cette chasse, usitée en Angleterre et en
Allemagne, ne pourrait guère aujourd'hui
être pratiquée en France à cause du mor-
cellement des propriétés; mais on a vu de
nos jours quelques amateurs l'essayer
avec succès dans la Brie.

On faisait autrefois la chasse du lièvre
avec des oiseaux de proie, tels que le faucon, le milan, l'autour, le lanier, le gerfaut,
et principalement le grand faucon d'Is-
lande.

Cette chasse consistait à faire quêter le
lièvre par des chiens couchants, et, quand
il était parti, on lâchait l'oiseau de proie
qui se précipitait sur lui et le liait dans
ses serres jusqu'à ce que le fauconnier le
lui eût fait lâcher par l'appât d'une cuisse
de pigeon.

Aujourd'hui la fauconnerie n'existant
plus, ce charmant passe-temps, spectacle
agréable pour les dames, n'est plus en

usage dans nos contrées; mais vous le retrouverez dans toute sa splendeur parmi les tribus sahariennes de l'Algérie.

Lisez la *Chasse au Faucon,* du général Margueritte [1], et vous verrez, dans son livre si intéressant qu'elle est restée l'apanage des grandes familles du pays et qu'elle est un des principaux reliefs de la véritable aristocratie arabe.

[1] *Chasses de l'Algérie et Notes sur les Arabes du Sud,* par le général A. Margueritte; 2e édition. Paris, 1869; Furne, Jouvet et Cie, éditeurs, 45, rue Saint-André-des-Arts.

IX

L'AFFUT DU LIÈVRE

La chasse du lièvre à l'affût n'est pas la moins productive; elle peut avoir lieu le soir et le matin, en se plaçant sur la lisière du bois, du côté de la plaine [1].

Au printemps, on se poste à portée des blés verts, et surtout lorsqu'ils sont isolés ou entrecoupés de bois.

En été, les lièvres se gîtent le jour dans les blés qui sont alors grands, et ils en

---

[1] Beaucoup d'affûteurs ont le soin d'établir dans les carrefours une sorte d'abri, de poste, destiné à dissimuler leur présence; ces abris sont généralement construits avec des branches d'arbres dans lesquelles ils ménagent des embrasures afin de faciliter leur tir; des ramées ou de l'herbe sèche tiennent lieu de siége.

Ces affûts révèlent aux gardes les points hantés par les braconniers.

Pour notre part, nous en avons détruit un assez grand nombre, et nous engageons les chasseurs à démolir impitoyablement tous ceux qu'ils rencontreront.

sortent pour aller faire leur nuit dans les avoines, les orges, les pois, etc., qui sont plus tendres. C'est donc au bord de ces derniers champs qu'il faut alors se poster à l'affût.

Le lièvre n'allant au gagnage qu'entre le coucher du soleil et la nuit, et ne rentrant au bois qu'à partir de l'aube du jour jusqu'au lever du soleil, les heures des affûts du soir et du matin se trouvent par là même déterminées d'une manière très précise pour chaque saison.

Placé sous le vent [1], on attend, immobile et en silence, qu'un lièvre passe à portée de fusil; quand on en voit un rentrer ou sortir trop loin de soi, il faut remarquer l'endroit et venir le lendemain s'y poster; on est alors à peu près certain de réussir, parce que cet animal suit toujours le même chemin.

Pour être plus sûr de se bien poster sur le passage d'un lièvre, on peut, le soir, à la nuit tombante, longer la lisière du bois avec un chien d'arrêt tenu en laisse. Lorsqu'il rencontre la voie d'un animal sorti, on fait une brisée et l'on vient le lendemain, avant le jour, l'attendre à sa rentrée.

---

[1] Car autrement cet animal éventerait l'affûteur. Il a en effet plus de nez qu'on ne croit généralement, et les colleteurs ne sont pas les derniers à le savoir.

On fera, si on veut, la même manœuvre le matin, après le lever du soleil, pour le venir guetter le soir à sa sortie du bois.

Lorsque les nuits sont longues, les lièvres sortent du couvert à nuit close et y rentrent avant le jour; on ne peut donc les affûter que depuis la fin d'avril jusqu'à la mi-septembre. Mais, comme ils sont en mouvement toute la nuit, il reste la ressource, lorsqu'il fait un beau clair de lune, d'en tirer quelques-uns en se plaçant à l'affût auprès d'une clairière où aboutissent plusieurs sentiers, ou bien à un carrefour formé par le croisement de quelques chemins. Cette chasse peut avoir lieu en toute saison; seulement l'hiver, à cause du froid, elle est très pénible.

Quand il y a beaucoup de lièvres qui vont faire leur nuit dans le même canton et qui rentrent au bois à peu près sur le même point, on peut aller à l'affût plusieurs ensemble. Pour cela, on reconnaît, pendant le jour, les endroits convenables pour placer les tireurs; on calcule la distance de l'un à l'autre et on prépare le nombre nécessaire de bouts de forte ficelle garnies de plumes blanches pour clore les intervalles. A l'heure de l'affût, on tend dans le plus grand silence ces ficelles d'un poste à l'autre, en les soutenant tous les quinze pas par des piquets fourchus, hauts d'un mètre et gros comme le doigt. On laisse, à chaque poste, un intervalle de trente à quarante pas. Au jour, les lièvres, et parfois même quelques renards, viennent pour rentrer au bois; les plumes les effraient, ils longent les cordes pour trouver un passage et rentrent par les trouées où les tireurs les attendent. Il faut, pour cette chasse, être rendu à son poste avant le jour.

La chasse à l'affût est principalement pratiquée par les habitants des villages voisins des bois. Elle présente des dangers pour les tireurs; plus d'une fois des méprises ont été fatales à l'un d'eux, et il ne se passe point d'année sans que plusieurs accidents graves ne soient signalés.

Un vrai chasseur se respecte trop pour se livrer à l'affût; mais si, cependant, par curiosité ou pour tout autre motif, il se décidait jamais à en essayer, nous l'engagerions à s'y rendre *seul* et à y être d'une prudence extrême, tant dans son propre intérêt que dans celui de ses voisins.

On prétend qu'un petit morceau de papier blanc collé sur le guidon du fusil est nécessaire pour pouvoir viser pendant la nuit; nous le croyons d'autant plus volontiers que ce moyen ou l'emploi d'une pierre brillante sont dans les habitudes des chasseurs aux grands félins.

X

DES BATTUES OU TRAQUES

La chasse du lièvre en battue ne diffère point autant dire des chasses en battue ordinaires et se pratique au bois comme en plaine.

Lorsqu'on opère en forêt, les traqueurs doivent frapper fort et ferme sur toutes les cépées et principalement sur les ronciers, sous peine de laisser beaucoup de lièvres en arrière. Ces animaux ne marchant bien devant les traqueurs que par les temps de gelée ou de neige, on ne devra effectuer ces battues qu'aux époques de ce genre.

Quant aux traques en plaine, il va sans dire qu'ils ne peuvent avoir lieu qu'après l'enlèvement de toutes les récoltes, c'est-à-dire vers la fin de l'automne et en hiver.

Dans une vaste plaine, et au-dessus du vent, on dispose un long cordon d'hommes ou d'enfants plus ou moins éloignés les uns des autres, selon que le terrain pré-

sente plus ou moins d'étendue. A l'autre
bout de la plaine, au-dessous du vent,
dans les fossés, à l'abri d'un buisson, derrière une haie, on place des tireurs qui se
cachent de leur mieux et se couchent au
besoin sur le sol pour n'être pas aperçus
du gibier.

Quand chacun a pris son poste, à un
signal, tous les traqueurs partent en
poussant des cris et en faisant le plus de
bruit qu'il leur est possible. Effrayé par ce
tapage, le gibier qui se rencontre devant
leurs pas se lève et se met à fuir; mais
partout derrière lui il entend les mêmes
clameurs, car les rabatteurs s'étendent de
chaque côté comme les ailes d'une immense armée, et marchent en se resser-
rant sans cesse et en convergeant vers la
ligne des tireurs.

Les lièvres ainsi englobés sont donc
forcés de se diriger vers le lieu où on veut
les conduire. Ils arrivent jusque sous le
fusil du chasseur, qui de loin les voit venir,
les ajuste et les assassine. Quelques animaux, parfois remplis de défiance, hésitent à suivre la direction qu'on leur im-
prime; ils essaient de retourner sur les
rabatteurs et de forcer leur ligne; mais
ces derniers sont armés d'un bâton qu'ils
lancent sur les fugitifs, tout en courant au
devant d'eux et en redoublant de cris pour

leur faire rebrousser chemin ; si bien que les malheureuses bêtes finissent par se sauver sur le point où la mort les attend.

Cette chasse quelque peu cuisinière n'exige pas beaucoup d'art; cependant il faut connaître le pays, savoir où sont les refuites du gibier, voir vers quelle remise il se dirigera pour chercher un abri, afin de poster les tireurs sur son passage. Il faut aussi faire attention à la direction du vent, et, si la disposition du terrain s'oppose à ce que les traqueurs l'aient directement au dos, il faut du moins qu'ils le prennent d'une manière oblique, et ainsi ne l'aient jamais au nez,

En Allemagne, où le gibier est considéré comme une partie importante du revenu de certaines propriétés, on fait en plaine des battues *au chaudron*. Ce mode de chasse, qui sent fort la cuisine, consiste à entourer une plaine d'un cercle immense de tireurs, qui tous, à un signal donné, partent en se dirigeant vers un centre commun. Si le gibier qu'ils font lever ne leur passe pas à portée, il faut bien, pour sortir de l'enceinte, qu'il aille à une autre personne. Les chasseurs font ainsi tout à la fois l'office de traqueurs et celui de tireurs. A mesure que le cercle se rétrécit, ils se trouvent plus près les uns des autres, si bien que le gibier, plus resserré, est contraint de leur passer entre les jambes pour échapper à la mort.

Dans son chapitre LXXXII, Gaston Phœbus décrit un mode de traque fort ingénieux pour conduire les lièvres de la plaine dans un panneau dressé sur la lisière du bois ; voici comment il s'exprime : « Puis on doit avoir une grande « corde, la plus longue qu'on pourra, ou « deux ou troys liées l'une à l'autre, où il « y ait des sonnettes ; et doit on commen- « cer au fons de la campaigne et venir « vers le boys et en tirant la corde par- « dessus les blés. Et les lièvres, quand « orront les sonnettes et la noise de la « corde, s'en viendront au boys et ferront « au paniaulz. »

Remplacez le panneau de la lisière du bois par une ligne de tireurs et vous aurez une véritable battue sans grand bruit, sans grands frais et avec un assez petit nombre de fusils, laquelle se pratique telle quelle de nos jours assez souvent.

Les diverses chasses en battue que nous venons de décrire ne sont réellement amusantes pour les acteurs que dans des plaines très giboyeuses ; il ne faut pas néanmoins les répéter souvent, car elles épuiseraient vite le canton le mieux peuplé. J'ajouterai qu'un véritable chasseur ne fera jamais que les tolérer pour des circonstances impérieuses, mais qu'il ne les préconisera jamais, les qualifiant de boucheries dans son for intérieur.

En général, les battues doivent embrasser le plus grand espace de terrain possible, pour éviter toute perte de temps. Les tireurs sont placés à soixante pas les uns des autres, le long d'un chemin, d'une haie, d'un fossé, d'un rideau ; quand la police est bien faite, nul ne doit tirer que dans l'intérieur de ses limites, c'est-à-dire à plus de trente pas à droite et à gauche. Il est des convenances que les ambitieux n'ont jamais su respecter : un lièvre s'est arrêté à cinquante pas, en face de vous ; noble et généreux, vous attendez qu'il continue sa route ; pas du tout, un enragé le tire hors de portée, le lièvre rebrousse et souvent est perdu pour tout le monde.

Il va sans dire qu'on commence les battues à l'extrémité du terroir, pour ramener le gibier vers le centre.

Règle générale, on ne doit jamais conduire de chiens d'arrêt aux battues, tant sages soient-ils.

DU COLLETAGE DES LIÈVRES

« On comprend sous la dénomination générale de *collets* toutes les espèces de lacs, lacets ou nœuds coulants que l'on emploie pour prendre des oiseaux et quelques quadrupèdes.

« La plupart des collets pour le gibier à plumes se font avec des crins de cheval dont le nombre varie suivant la force du volatile, savoir, par exemple : quatre brins pour les collets destinés à prendre des bécasses et autres oiseaux de cette grosseurs, et trois pour les collets à grives.

« Ces crins ont de soixante à soixante-dix centimètres de longueur ; on les noue dans le milieu, on saisit le nœud avec la main droite, et, après avoir placé les crins entre le pouce et l'index de la main gauche, on les tord avec le pouce et le grand doigt de la main droite en les tenant suspendus en l'air ; lorsqu'ils sont tordus, on

arrète les extrémités par un double nœud
et on passe le double nœud dans l'œillet
qu'on a ménagé au-dessus du nœud simple qu'on a fait dans le milieu; mais ordinairement, lorsque les crins sont tordus,
on les tient droit jusqu'au moment d'en
faire usage, pour qu'ils ne perdent pas de
leur élasticité.

« Ces collets en crins sont excellents
pour presque tous les oiseaux, mais ne
seraient pas de force suffisante pour certains quadrupèdes, comme chevreuils,
lièvres et lapins par exemple; aussi les
fait-on en fil de chanvre, en fil de fer et,
le plus communément, en fil de laiton, en
ayant bien soin de recuire les fils métalliques à un feu très doux, etc. Dans les
collets en chanvre, on remplace l'œillet
par un anneau pour que le fil coule plus
aisément.

« On donne différents noms aux collets,
suivant la manière dont ils sont composés
et celle de les employer; mais, comme
leur usage est plus nuisible qu'utile, dit
Léon Bertrand [1], et appartient plutôt au
braconnier qu'au véritable chasseur, nous
ne nous étendrons pas davantage sur cet
article. » Je ne partage point cette opi-

[1] *Dictionnaire des forêts et des chasses;* 1846.
Paris.

nion ; il faut instruire chasseurs et gardes, sous peine de ne pouvoir opérer le recrutement de ces derniers que dans la tribu des braconniers de profession, *ce qui est bien chanceux.*

Je dirai donc ici tout ce que je sais sur le colletage, n'ayant qu'un regret, qui est de ne pas en savoir davantage.

Les braconniers au fusil, quelles que soient leurs rubriques pour amortir le bruit de la détonation, se font assez entendre pour donner lieu de les joindre; mais, entre nous autres chasseurs, on se dit que la destruction du gibier qu'ils opèrent n'est nullement suffisante pour en expliquer l'extrême rareté et qu'il est bien certain que le colletage est pour presque tout dans la pénurie actuelle du gibier, des lièvres particulièrement.

Il a d'abord sur l'arme à feu l'avantage marqué de faire son coup sans bruit pour la pose, mais non pour la capture; car les lièvres crient presque toutes les fois qu'ils se prennent aux collets. Seulement ces cris ne se font pas entendre aussi loin que le coup de feu, et, si le garde, qui fait une petite guette sur le soir, n'est pas à portée du théâtre du meurtre, si à certains indices il n'en a pas soupçonné le lieu, il ne sera pas à même de prendre le colleteur, soit qu'il n'ait pas entendu les cris ou les ait entendus de trop loin.

Quelques tendeurs vont visiter leurs pièges la nuit ou le jour; plusieurs ne les placent que la nuit et les relèvent avant l'aube.

Les sentiers par où passent les lièvres, les coupées qu'ils font dans les grains, les traînées que les cultivateurs tracent (avec ou sans intention de s'en servir) avec le talon de leurs charrues lorsqu'ils passent d'un champ à un autre, les traverses qu'on fait, dans les pays où il y a des sillons, pour l'écoulement des eaux, etc., tels sont les points commodes et convenables pour le colletage, et tels sont par conséquent les points que les gardes doivent visiter avec le plus grand soin, pour peu qu'ils veuillent surprendre les braconniers.

Pour parvenir en effet à connaître si l'on y tend des collets, on n'a qu'à remarquer, lorsque la nuit il a plu, les chemins, sentiers et autres lieux; cela s'observe dès le matin et lorsque la pluie a cessé, on pourra connaître, à l'impression des pieds, les personnes qui seront allées dans les lieux suspects, et, en suivant leurs traces, savoir d'où elles viennent, à quel dessein elles y ont été, et découvrir ainsi les places où elles auront tendu. Malgré ces précautions, un garde consciencieux ne devra jamais négliger de faire sa petite guette, sur le soir, près des lieux reconnus suspects ou qu'il soupçonne tels.

A l'égard du lièvre, les braconniers sont fort dangereux, non quand ils couvrent inconsidérément les sillons et les haies de milliers de collets *plus railleurs que méchants,* mais lorsqu'agissant avec habileté ils n'en posent que quelques-uns dont le succès ne leur a jamais fait défaut. N'acceptez pas la mystification de ces collets semés avec profusion, collets destinés à servir d'épouvantail aux lièvres et de joujou au trop naïf garde. C'est une rouerie de plus et des mieux conçues. Tendre des collets dans une haie, dans la trouée d'un mur, dans un sillon, c'est l'A B C du métier ; mais, lorsqu'il s'agit d'opérer sous bois et de colleter un lièvre qui s'enfonce dans la forêt avant de se remettre, il faut être habile. Le lièvre, il est vrai, suit presque invariablement le même sentier ou la même coulée pour gagner son gîte ; mais, sous les gaulis, alors que ce sentier se divise pour se perdre peu à peu, la difficulté devient grande, et, pour s'en tirer, voici comment les malins opèrent : supposons un sentier long de cent mètres qui soit large et souvent fréquenté par les hommes, la pose d'un collet y est évidemment impossible ; mais à son extrémité ce sentier se partage en trois directions divergentes; le lièvre, pouvant prendre l'une d'elles au hasard, le colleteur devrait, pour être sûr du succès, garnir de piéges ces trois embranchements; mais il trouve avec raison beaucoup plus simple, après avoir fait choix de la meilleure de ces coulées, d'embarrasser les deux autres à l'aide de branches brisées ou de bois mort; ces petits obstacles, en effet suffisent pour détourner l'animal des sentiers obstrués et pour lui faire prendre la coulée libre qui doit le conduire au nœud fatal.

Lors donc qu'on recherchera des collets pour les détruire, il ne faut pas se borner à enlever le laiton et le piquet que le braconnier aurait bientôt remplacés, il faut encore découvrir tous les petits obstacles qu'il a accumulés dans le voisinage du collet *pour forcer le pas* au lièvre, et puis les briser et disperser au loin, ainsi que toutes les brindilles plantées obliquement en guise de haie, etc. Cette intelligente dévastation donnera du fil à retordre au piégeur, par la raison que ces obstacles, ces haies, demandent quelque temps pour produire leur effet, le lièvre tenant tout travail nouveau pour suspect; d'où répit d'abord pour le gibier et besogne longue et minutieuse pour le braconnier, si bien qu'il lâcherait bien vite pied pour aller chercher fortune ailleurs si ces destructions s'effectuaient assez souvent.

Les collets faits en fil de laiton recuit et noirci, afin de les rendre moins cassants et moins visibles, doivent être placés à seize centimètres de terre, la boucle assez ouverte pour y laisser passer presque librement la tête d'un homme. Inspectez avec attention ceux qui vous tombent sous la main, et vous remarquerez qu'aucune de ces règles élémentaires n'aura été observée. Point de publicité à appréhender à cet égard : la théorie n'est rien sans la pratique, d'autant que tout lièvre pris par le cou, criant comme un brûlé, compromet le tendeur en avertissant le garde. De plus rusés, il est vrai, au lieu de fixer le collet à un double piquet, le rendent mobile à l'aide d'une pierre dont le poids, proportionné aux efforts du lièvre, adoucit, retarde même la strangulation et ne provoque aucun cri révélateur de la part de l'animal. Ce perfectionnement d'engin, déjà vieux de plus d'un siècle, ne change rien à la question. Un fin critique a fait la remarque qu'un homme d'esprit ne met ni ne retire son chapeau comme un sot; à plus forte raison l'habileté du braconnier se manifeste-t-elle aussi bien dans la pose d'un collet que dans la tendue la plus compliquée. Interrogez sur ce sujet un colleteur émérite et il sera certainement de mon avis.

Certains piégeurs se donnent des airs de veneurs en faisant le bois avec un limier *(petit chien muet)*, lequel, flairant à chaque coulée animalisée par les voies ou les portées du lièvre, indique sa rentrée ou sa sortie et permet d'y placer un collet à coup sûr. Le fameux Labruyère posait ses collets deux à deux, l'un debout, l'autre couché à terre pour mieux déjouer l'astuce des vieux bouquins (on soupçonne avec raison les mâles d'être plus rusés que les femelles, dont l'innocence est du reste telle qu'on en prend au moins trois fois plus que de mâles, ce qui n'explique que trop la rapidité du dépeuplement), qui grattent parfois sur la passée avant de s'y engager quand ils éventent quelque supercherie.

Le collet à rejet est employé de préférence au bois par beaucoup de braconniers. La branche à laquelle le piége est attaché enlève le lièvre en se redressant et l'étrangle assez instantanément pour prévenir ses cris. Il a l'avantage en outre de préserver le gibier pris de l'atteinte des bêtes de rapine.

Sachez encore qu'un collet est plus difficile à tendre en plaine qu'au bois, et que

l'emploi d'un piquet, à défaut d'une branche de buisson, est déjà fort défavorable.

Le lièvre de plaine, moins régulier dans
ses allées et venues, ses tours et détours,
ses routes et ses nuits, est plus difficile à
prendre que celui qui hante les bois.

Pour s'assurer si les couverts recèlent
des lièvres, les braconniers sont dans
l'usage de planter aux abords des champs
une branche d'épine, certains que dans la
nuit suivante tous les lièvres y viendront
fienter; c'est là un indice infaillible.

Les anciens colleteurs attiraient les lièvres en semant des pelures de pommes,
dont, paraît-il, ces animaux sont très
friands; on raconte même que Labruyère,
devenu un bon garde, est mort en empor-
tant le secret d'une composition qui aurait
suffi pour empoisonner en moins de qua-
rante-huit heures tous les lièvres d'un
canton et en même temps toutes les per-
drix. Je n'ajoute qu'une foi médiocre à ce
racontar, le braconnier ne travaillant que
pour le lucre.

Si le nez du lièvre, qui est plus fin qu'on
ne croit, le préserve souvent de l'affûteur
et lui fait encore éviter les piéges du tendeur, ce dernier, rusé matois, fait tourner
cette qualité à son profit; car, quand il a
trouvé le lieu où un lièvre se relaisse, dit
un auteur anglais, et, s'il n'a pas assez

d'engins pour barrer toutes les issues,
dans son incertitude, il souffle sur l'herbe,
il crache sur les mottes de terre, sur les
pierres et sur les branchages du voisinage. Le lièvre alors retourne et méprise
les sentiers qui ont été salis, pour prendre
ceux qui le conduisent à une mort certaine. L'auteur anglais est dans le vrai
pour la préparation du chemin fatal, mais
je le crois dans l'erreur quand il dit que
ce travail du colleteur ne se fait que lorsqu'il n'a pas d'engins en quantité suffisante, cette méthode étant toujours em-
ployée sans cette raison par les malins.

Le tendeur rusé prend toujours des
mesures efficaces pour dérober au lièvre
son odeur naturelle. Un célèbre braconnier du Jura, auquel on vantait malicieu-
sement les succès de quelques confrères,
un jour qu'il avait caressé un peu trop la
dive bouteille, répondait en effet aux railleurs :

« Vous me parlez d'imbéciles qui vont
tendre, au bois ou ailleurs, avec des souliers ou nu-pieds, et qui touchent les
lacets avec leurs mains, etc., comme s'ils
étaient sûrs que le lièvre ne sent rien.
Aussi ne prennent-ils que fort rarement
et jamais le premier jour. Il est cependant
si simple d'avoir des sabots aux pieds,
puis les mains enveloppées ; et puis en-

core faut-il ajouter à tout cela, pour couronner l'œuvre et dépister l'animal, une bonne friction sur les sabots, mains et collets, faite avec une graisse particulière dont la recette..... assez! je la garde pour moi! et si par hasard on vous la demandait..... eh bien! vous diriez que vous ne la connaissez pas. »

Beaucoup de chasseurs s'exagèrent l'importance des dégâts commis par les braconniers en temps de neige. S'il est vrai que, sous la pression de ce fléau, le gibier en général, plume et poil, donne plus inconsidérément dans tous les piéges, en revanche la répression en est si facile et les traces du délit sont tellement évidentes que les piégeurs émérites, les seuls vraiment redoutables, se gardent bien, durant ce temps, de tenir la campagne et n'en profitent que pour compléter leur inventaire de l'existant.

C'est le dégel qui est le plus dangereux, alors que, pressés de se refaire de leurs longues privations, les lièvres, négligeant toute prudence, s'agglomèrent sur les terrains *bien exposés* et qui ont par suite subi les premiers l'action du dégel, et s'y cantonnent jour et nuit.

La neige continue est du reste plus fatale aux lièvres que tous les piéges réunis : la neige, c'est la disette, la souffrance, la mort!... Les lapins, grâce à leurs terriers, s'en garantissent mieux.

Pour prendre les lièvres aux collets, il faut se servir de ceux faits en fil de laiton, parce que ces animaux ne les peuvent couper. Lorsqu'en visitant les haies et les buissons voisins de champs ensemencés, on s'aperçoit qu'il existe des passées, on cherche à reconnaître si c'est le chemin d'un lièvre, et pour cela on examine le terrain pour voir s'il a conservé la voie, ou les branches qui entourent la passée, parce que souvent elles ont retenu du poil. Si quelque indice porte à croire qu'on ait effectivement trouvé la passée d'un lièvre, il faut y tendre un collet. La disposition du terrain et celle de la passée décident de la meilleure manière de placer ce piége. Il faut, autant que possible, profiter, pour le fixer, d'une des branches qui se trouvent tout près et n'avoir recours à un piquet *qu'en cas d'absolue nécessité;* car le lièvre est si méfiant *[les vieux mâles surtout]* que, lorsqu'il voit sur sa route quelque chose de nouveau, il aime mieux rebrousser chemin que de passer outre.

Il faut avoir l'attention que le collet enveloppe bien la passée; et, pour déguiser l'odeur de l'homme, on doit encore se frotter ferme les mains avec des plantes aromatiques; on frotte de même le collet, autrement on courrait risque de perdre sa peine et son temps. Comme il n'est pas rare de voir des lièvres assez rusés pour gratter dans la passée avant de s'y engager, pour peu qu'ils aient le plus léger soupçon, il est fort utile de disposer à plat sur la terre un second collet au-dessous du premier ; de cette façon, si l'animal parvient à détourner celui qui est pendu, il se prendra infailliblement par les pieds.

Certains colleteurs enduisent leurs engins d'une graisse odoriférante dans la composition de laquelle on présume que la menthe, la sauge et l'anis pourraient bien jouer un certain rôle ; mais quelques gardes affirment que cela ne suffit pas pour détruire complètement l'odeur humaine et que la recette, pour être efficace, doit emprunter (par quel moyen ? ils ne le disent pas) les senteurs vaginales de la hase en chaleur.

Soit que le texte de la loi ne s'y prête pas, soit qu'ils n'y attachent qu'une médiocre importance, les tribunaux ne se montrent point assez sévères dans la répression de ces délits, et cependant un collet solide dans une main exercée peut devenir une arme terrible.

Un garde de la Haute-Saône, aux environs de Luxeuil, a failli perdre la vie dans

les circonstances suivantes : Il avait dressé
procès-verbal contre un braconnier, tendeur émérite, qui fut condamné à un mois
de prison; de là rancune et résolution de
se venger. Notre colleteur se mit donc à
épier le garde, et il remarqua que ce dernier, en faisant sa tournée, avait l'habitude de s'asseoir au pied d'un gros arbre.
Mettant à profit cette connaissance, il dis-
posa habilement à cette place un collet
bien caché par des feuilles sèches, et, le
lendemain, à l'heure de la sieste du garde,
des femmes entendant des cris déchirants
accoururent et se hâtèrent de le délivrer;
il se trouvait pendu par un pied à un bali-
veau voisin qui, courbé par le braconnier
et maintenu ainsi jusqu'à la détente du
piége, avait, dès qu'il s'était trouvé libre,
formé ressort en se redressant et enlevé
ainsi le malheureux garde. Le lacet entou-
rait un de ses pieds, sa blouse et ses vêtements enveloppaient sa tête, et sa mort était
inévitable s'il n'eut été secouru à temps.
(On m'a cité encore un piqueur enlevé
brutalement de sa selle par un collet pour
cerf.)

Ce braconnier, qui s'était si cruellement
mais si adroitement vengé, se faisait fort
de prendre des sangliers de tous poids, à
la volonté de l'acheteur, et il les livrait au
jour convenu. Comment opérait-il ? C'est

ce qu'il ne disait pas. Cependant nous nous sommes laissé conter que le piége allemand, qu'on emploie pour les loups, réussissait fort bien avec les sangliers.

Les collets au bois sont fort dangereux pour les chiens et encore plus peut-être pour les chasseurs; car les chutes, quand on est armé, peuvent déterminer de très graves accidents.

Voilà tout ce qu'il nous a été donné d'apprendre sur le colletage; c'est bien peu, mais il faut savoir s'en contenter, par la raison que les braconniers émérites ne causent pas volontiers de leur industrie.

XII

DU PANNEAUTAGE DES LIÈVRES

———

Plusieurs traités spéciaux décrivant minutieusement l'organisation, la pose et la manœuvre des panneaux usités pour la capture des lapins et des lièvres, j'y renverrai le lecteur désireux de s'instruire et j'entrerai en matière, le supposant bien au courant de toutes ces opérations.

Pour prendre les lièvres au panneau, il faut toujours le tendre sur la lisière du bois, soit le soir, soit le matin, afin d'arrêter ces animaux à leur passage du bois à la plaine ou de la plaine au bois.

Le soir, le panneau doit être tendu pour le coucher du soleil, et les baguettes qui le soutiennent doivent être placées et inclinées du côté du bois, parce que c'est de là que viennent les lièvres pour aller aux champs; le matin, il doit être tendu avant le jour et pencher vers la plaine pour arrêter les lièvres à leur rentrée au bois.

Si cette chasse se fait au point de vue d'un ébouquinage (car dans un bois bien peuplé il ne faut pas trop de mâles), on assomme bien vite les lièvres, et pour cela les chasseurs doivent se tenir sur les côtés du panneau et non derrière, afin que le gibier ne les évente pas. Si au contraire on ne panneaute que pour effectuer ailleurs un repeuplement, comme il ne faut guère que des femelles, on s'empresse de les saisir et de les ensacher, tout en prenant les précautions nécessaires pour se garer des coups de griffes et surtout des dentées qui sont vigoureuses. Dans les deux cas, il convient d'agir très vite pour ne pas donner à ces nerveux animaux le temps de se débarrasser.

A l'époque où les blés sont grands, les lièvres s'y tiennent pendant le jour et vont faire leur nuit dans les avoines, les orges et les pois; on peut alors tendre des panneaux, le soir, au soleil couchant, le long des champs ainsi couverts, pour prendre les lièvres lorsqu'ils s'y rendent et le matin lorsqu'ils en sortent. Au surplus, il est indispensable, avant d'opérer vis-à-vis de ces animaux, de bien reconnaître les lieux qu'ils fréquentent pour se diriger d'après les remarques que l'on aura faites.

De quelque manière que l'on ait disposé son panneau, il faut, après qu'il est tendu, se retirer à l'écart et se cacher dans un endroit d'où l'on puisse voir ce qui se passe. Lorsque le gibier suit le chemin sur lequel on a tendu, il faut attendre qu'il ait dépassé de quelques mètres le lieu où l'on s'est tapi ; sortant alors de sa cachette, on vient par derrière et on le décide à se précipiter dans le panneau en l'effrayant, soit en frappant des mains, soit en lui jetant quelques mottes de terre.

Si plus haut j'ai parlé du repeuplement sur un point au moyen de femelles capturées au loin et à l'aide du panneau, le lecteur a sans doute compris qu'il ne s'agissait là que d'une très petite opération pour regarnir un bois de fort modeste superficie ; car, quand on veut opérer un repeuplement sur une grande étendue forestière, on enveloppe de panneaux entièrement et successivement deux, trois ou plusieurs enceintes, dans lesquelles on effectue des battues, et ce jusqu'à ce qu'on ait capturé le nombre de hases dont on estime avoir besoin. La longueur des panneaux est alors de un à plusieurs kilomètres ; le personnel nécessaire, ainsi que le transport, etc., coûtent cher, et il faut être très riche pour se livrer à de pareilles opérations, tandis que le modeste panneautage dont je viens de parler n'est pas au-dessus des moyens d'un chasseur jouis-

sant d'une honnête aisance, et qu'il se
pourrait bien, par suite de la modicité de
la dépense, qu'en pays mal gardé les braconniers ne vinssent à s'en servir.

Cette dernière possibilité n'est pas de
nature à m'interdire quelques détails utiles ; ainsi, par exemple, il me paraît nécessaire de faire connaître ici que le panneau
proprement dit se décompose en un certain nombre de pièces qui fonctionnent en
toute indépendance l'une de l'autre, et que
chacune d'elles peut varier de longueur
depuis dix jusqu'à vingt-cinq et trente mètres, si les chasseurs le jugent à propos.
La seule restriction à apporter à la longueur d'une pièce étant que deux hommes
puissent toujours facilement et rapide-
ment la retendre, une pièce trop longue
étant d'un usage incommode.

Ces pièces, dont les mailles ont de 5 à 6
centimètres de largeur et une hauteur de
filet de 1ᵐ80, sont faites de gros fil fort,
retors et en trois brins. On leur donne la
longueur que l'on désire, en observant
qu'on doit, pour qu'elles aient, étant ten-
dues, la longueur nécessaire, leur donner,
en les fabriquant, un tiers de plus environ, parce qu'en les tendant elles perdent
d'abord de leur longueur et parce qu'ensuite il est essentiel qu'elles fassent poche afin de mieux embarrasser les lièvres.

Pour monter le filet, il faut passer dans les lisières supérieure et inférieure deux cordeaux, dits maîtres, bien câblés et gros comme le petit doigt, qui doivent avoir de longueur environ deux mètres de plus que celle de la pièce tendue, afin de servir à l'attacher. Enfin les baguettes-soutiens, hautes de 1^m 80 et d'un diamètre de 22 à 25 millimètres, doivent être là en nombre suffisant et avoir un de leurs bouts taillé en pointe.

Les maîtres, à leurs extrémités, se fixent ou plutôt s'attachent aux baguettes extrêmes de chacune des pièces, ou bien, pour le panneau entier, à deux arbres ou enfin à deux forts piquets.

Je ne dirai mot ici du repeuplement d'un terrain clos de murs, la chose allant toute seule ; mais il n'en est pas de même pour une propriété ouverte de toutes parts. Il faut d'abord qu'on l'ait débarrassée avec soin des animaux nuisibles et ensuite qu'elle soit de nature à plaire aux lièvres, n'étant ni basse ni humide.

Ces précautions prises et ces conditions remplies, voici ce qui arrive : Le jour où vous ouvrirez vos boites pour lâcher vos prisonniers, très inquiets déjà, malades même peut-être, il se peut que quelques-uns restent dans les couverts, mais le lendemain vous n'en verrez plus un seul.

Tous, à peu près, à la sortie de la boîte, vont droit devant eux jusqu'à ce qu'ils tombent de fatigue, ce qui les mène souvent fort loin. Si quelques hases restent sur votre terrain et si vous y voyez plus tard des levrauts, estimez-vous heureux; car alors vous avez gagné un quine à la loterie, et le problème si aléatoire du repeuplement est résolu en votre faveur.

NOTES

L'habillement du veneur doit être d'une étoffe solide, offrant peu de prise aux morsures des ronces et des épines, souple et pas trop chaude, d'une couleur presque sombre. Ici nous portons la veste corse dont le carnier est si commode; elle a de nombreuses poches, qui toutes se ferment avec des pattes, afin d'en interdire l'entrée à la pluie, aux feuilles et aux brindilles.

A la cartouchière portée en ceinture ou en bandoulière nous préférons le gilet à poches multiples.

Notre coiffure, de forme bombée, est suffisamment ferme pour amortir les chocs contre les branches, et enfin notre chaussure, toujours à très fortes semelles, est le brodequin lacé un peu haut ou le soulier avec guêtres en cuir, le pays étant assez sec; on ne doit adopter la botte, ou tout au moins la demi-botte, que lorsque le terrain de chasse se trouve noyé ou marécageux.

Les guêtres du commerce durent peu; fournissez un bon modèle à votre bourrelier, qui vous en fera d'excellentes, surtout en peau de chien.

Faites laver à l'eau tiède votre chaussure en rentrant; qu'on la laisse sécher une à deux heures et qu'ensuite on la graisse avec soin. Défendez expressément tout râclage avec quelque instrument que ce soit et ne tolérez que la brosse dure en chiendent.

Que vos chaussettes soient en fil, coton ou laine; mettez-les toujours *à l'envers*, afin que les coutures se trouvent *en dehors* et *non directement* sur la peau; c'est dans les longues marches que vous apprécierez l'excellence de notre conseil.

Le piqueur ou celui qui le remplace doit, pour éviter les sueurs abondantes qui l'exposeraient à de graves accidents et qui de plus lui enlèveraient toute sa vigueur et toute son énergie, se vêtir assez légèrement; mais il agira avec sagesse en portant dans la grande poche de sa veste un gilet de laine de renfort.

Enfin il est une excellente précaution hygiénique qu'on ne saurait trop recommander aux chasseurs, c'est d'avoir sous la main, en cas d'averses, un de ces légers manteaux caoutchoutés qu'on fabrique si minces aujourd'hui qu'ils peuvent se loger dans la poche où ils ne tiennent guère plus de place qu'un mouchoir ordinaire.

Evitez, tant que vous pourrez, de revenir de la chasse en voiture, et, aussitôt à la maison, changez de chaussures et de vêtements.

Indépendamment de sa corne et de deux accouples en crin dont il doit toujours être muni, le veneur portera de trois à quatre mètres de petite ficelle câblée, un bon couteau de chasse ou de poche, du pain et un flacon de cognac ou de café, sans omettre pour cela son permis de chasse.

Voici en général le nombre *minimum* et le détail des cartouches que chacun de nous emporte habituellement :

> 3 cartouches à balle franche (en prévision d'une grosse rencontre).
>
> 2 cartouches à chevrotines.
>
> 1   id.   de plomb zéro.
>
> 3   id.   de plomb n° 2.
>
> 2   id.   de plomb n° 4.

Total 11 cartouches, chiffre auquel certains chasseurs ajoutent deux coups de menu plomb n°ˢ 9 ou 10.

Il va sans dire que ces munitions doivent être démolies et rechargées au moins deux fois dans le cours de la saison, si on veut éviter l'enrochement de la poudre qui diminue singulièrement la force du coup. Toute cartouche mouillée doit être réformée.

————

Dans une société de chasse bien organisée, tous les veneurs doivent n'avoir que des armes de même système et de même calibre, parce qu'alors, en cas de besoin, on peut échanger des cartouches.

Nous ne saurions trop recommander la prudence dans le maniement des armes. Un fusil chargé ne doit point, en chasse ou en réunion, être tenu horizontalement, mais bien à peu près dans la verticale. Ce sont là des habitudes qu'il faut de toute nécessité faire prendre à vos compagnons, si vous voulez prévenir d'irréparables accidents. Avez-vous un obstacle sérieux à franchir, un fossé, une haie, etc., ou bien montez-vous en voiture? Déchargez vos armes, manœuvre devenue aujourd'hi si simple avec les fusils à bascule.

———

Le piqueur ou le chasseur qui dirige habituellement la meute se servira toujours du même cornet, car les chiens en connaîtront bien vite le timbre, qui doit être différent de celui de chacun des compagnons; et, de plus, il serait fort utile que les cornets de ceux-ci fussent de tonalités différentes, ce qui se peut sans peine lorsque leur nombre n'est pas très grand.

———

Certains chasseurs n'hésitent pas à abandonner leur meute en pleine menée, laissant alors leurs chiens au bois. Pour nous, un veneur qui se respecte et qui a quelque souci de ses toutous doit tenir à honneur de rentrer avec eux chaque soir à la maison, et cela pour plusieurs motifs.

Les chiens ainsi abandonnés courent en effet de sérieux dangers; les refroidissements, la dent du loup, les collets, les voleurs, etc., peuvent vous enlever vos meilleurs toutous et désorganiser complètement votre meute.

Certains chiens sont de bonne retraite et savent très bien retrouver leur logis, quelque soit la distance à laquelle ils se trouvent quand ils mettent bas; mais il en est plusieurs qui, pour nous servir d'une expression proverbiale, *se noient dans un verre d'eau ;* ce sont ceux-là précisément qu'il faut à tout prix rallier, parce qu'en général ils se donnent alors au premier venu, suivent des voitures et se perdent parfois pour toujours.

L'usage des colliers portant le nom du propriétaire est prescrit par la loi ; il rend de réels services, mais nous croyons qu'il ne suffit pas et qu'il convient en outre, *pour gêner les voleurs,* de marquer les chiens au flanc ou sur la cuisse avec un fer chaud.

Lorsque le terrain de chasse est éloigné, ne craignez pas, en y stationnant parfois, de faire connaitre à la meute soit la maison du garde, soit l'auberge du plus proche village, soit même la hutte d'un bucheron, attendu que les chiens égarés, tirant bon parti de ces connaissances acquises, ne manqueront pas au besoin de regagner ces asiles. Et si en même temps vous récompensez généreusement quiconque vous ramènera un toutou perdu, ce qui sera de l'argent bien placé, vous aurez la *conscience tranquille,* parce que, grâce à ces diverses précautions, vous pourrez vous dire que vous avez rempli tout votre devoir.

———

Il faut éviter les morsures des chiens ; car, si elles ne causent point souvent d'irréparables accidents, elles ne laissent pas que de faire naître tout au moins de durables et légitimes préoccupations. Nous avons connu un *grand* chasseur qui, n'ayant pas le moyen de payer un piqueur, soignait lui-même sa meute, dont la douceur n'était pas la qualité dominante ; aussi n'entrait-il dans le che-

nil qu'après s'être bardé de jambières métalliques
et avoir fourré ses mains dans de gros gants
matelassés et pourvus de longues manchettes en
fort cuir couvrant les avant-bras!

Ayant eu la douleur de voir la rage sévir sur
notre chenil, nous ne saurions blâmer ces mesures de prudence, et même nous déclarerons que
chaque chef d'équipage devrait toujours, en prévision de pareils accidents, avoir sous la main un
local *retiré et sérieusement clos* pour y séquestrer
tout chien devenu *suspect*.

———

« Et pource quant tu as tendu ton reseul, dois
« tu esropier de ta salive à l'entrée du carrefour
« où il est démonstré en la figure, et froter ta
« salive de ton pied bien fort. Et est ainsi faict,
« pource que quant il aura sentu là où tu auras
« froté ta salive, jamais oultre ne passera, ains
« pra l'autre chemin bien roidement soy bouter
« au reseul. » (Modus, feuillet LXXI.)

Ainsi déjà du temps de Modus on tablait sur *le
nez du lièvre* pour de deux ou trois chemins
l'obliger à prendre celui qui le menait droit au
piége. Nos braconniers actuels, qui pratiquent
avec trop de succès sur les sentiers ou les coulées,
ne sont donc que des plagiaires; mais ils pourraient à juste titre revendiquer un brevet de perfectionnement.

———

Les églantiers, les ronces et les épines tirent
du poil aux lièvres et le retiennent, ce qui n'é-
chappe point à l'œil du braconnier et lui démon-

tre fort clairement que telles coulées sont bien fréquentées, tandis que telles autres ne le sont pas; et il piége en conséquence.

———

Le transport des lièvres panneautés présente des inconvénients graves; ces animaux en effet ne résistent presque pas aux longs voyages et succombent souvent en route. Voilà pourquoi leur prix reste toujours assez élevé.

———

LES VERTUS DU LIÈVRE

—

Mais quoy? de son salut seullement il n'à cure
Ains l'homme il garantit de plusieurs accidents :
Oignez moy vostre corps de sa blanche presure
Vous vaincrez le venin des scorpions ardents :
Appliquez de son sang sur rongne crasseuse,
Tant est d'esicatif, bien tost la guerira :
Vos yeux sont ils chargez d'vne taye ombrageuse?
Du sucre auec son fiel, du tout les nettoyera.
Si le flus intestin contre vous se depite
Rotissez de sa chair, elle vous aidera :
Si ton foye bouillant par mal se débilite,
Deséche moy le sien, il le r'enforcera :
Si la teste tu âs horriblement esmeute
Par quelque grand'douleur, il te faut promptement
Sa cendre incorporer auec huyle de meurte,
Soudain ell't'affranchit du rigoureux tourment :
Si vous cuysez en miel sa fumée recente,
Pour souder les boyaux elle prouffitera :
Mesmes si nettement la bruslure cuisante
Ell'rase que l'endroict marquer l'on n'en pourra :
Ses rognons pris en vin font sortir la grauelle,
Son caillé vinaigré le sang estanchera :
Que si vous le meslez, ou bien de sa ceruelle,

Dans gresse d'oye, en bref vriner vous fera :
Pour les gouttes guerir des mains, et des ioinctures,
Sur elle mets son pied, il les adoucira :
Vos pieds sont ils foulez de quelques meurtrissures ?
Son paulmon dehaché leur mal allegera,
Salez le et le prenez en vin blanc, par l'espace
De trente iours, d'encens y miélant vn tiers
Craindre il ne vous faut pas que le hault mal vous fasse
Pour cette fois sentir ses aiguillons entiers.
Et quoy ? non senlement à l'homme il est propice,
Mais il sert à la femme : En premier son poulmon
Seché, puluerizé, pour guerir la matrice,
S'il est pris en bruvage, est prouffitable et bon.
Son foye pris en l'eau qui de terre est meslée
De l'Isle de Samos, restreint les fluxions :
De leur arrière faiz si la femme moulliée
N'a esté, son caillé matte les passions :
Mesmes si l'appliquez sur l'aine en cataplasme,
Auec ius de poireaux, et saffran odoreux,
L'enfant qui dans le corps de sa mère a son ame
Rendue, il contraindra d'yssir hors de son creux :
L'on croit que pour tenir les tetins d'vne fille
Cours et rons, qu'il en faut aussi frotter son sein.
Bref il n'a rien sur luy qui ne soit fort vtile
Pour soulager l'humain, quand son corps est malsein.
Mais auant que les vers de mon discours je fine,
Je dirai librement, que cil qui mangera
De sa chair, nonobstant la sentence de Pline,
Par sept iours ensuiuants gayement il viura.

(*Le Lièvre*, de Simon de Bvllandre, prieur
de Milly-en-Beavvoisis. A tres noble et
tres docte Seigneur, Jean de Boufflers,
escuyer, sieur de Lyesse. — A Paris, de
l'imprimerie de Pierre Cheuillot, 1585.)

TABLE DES MATIÈRES

AUXONNE, IMPRIMERIE DE VICTOR CHARREAU.